JN310574

シビルエンジニアの生き方・あり方

時代を拓く高度職業人の条件

大内 一
Hajime Ohuchi

鹿島出版会

まえがき

収入のためだけに働く人たちが増えてきていると感じている。自分の仕事への誇りもあまり感じられない。実利と目前の楽しさのみに関心を寄せる。人間関係で動く職場で人への心配りが希薄ではどうして仕事がやっていけるのかと思うが、心配りは面倒で実利もなく楽しくもないのである。そもそもあまり考えもせず偏差値で大学、学部を選択し、安定志向のみで就職先を選択してきた考え方に原因がある。また、そのような考え方を育ててきた家庭や教育にも原因がある。人間三〇年も四〇年も社会で働き続けるのであり、自分の仕事への誇りとやり甲斐なくして長い間もつわけがない。

シビルエンジニアリングに長年携わった者として、シビルエンジニアリングへの誇りとやり甲斐につながるメッセージを次世代に送りたいと考え、執筆を思い立った。

本書は、大きく分けてインフラストラクチャの役割に関する第1章と第2章、職種・職位・制度に関わる第3章と第4章、そして今後に向けての第5章～第7章からなる。このうち第3章と第4章は今後就職活動を始める学生を、第5章～第7章は今後仕事の中核に入っていく若年シビルエンジニアを特に意識した。第1章と第2章は共通である。

第1章では、インフラストラクチャの代表格であり、また近年わが国では投資削減がとりわけ叫ばれてきた道路について、その整備の歴史と役割を振り返る。取組み開始時期や規模を考えるとき、わが国の歴史だけでは十分ではない。自動車王国であるアメリカ合衆国のハイウエイ、また、世界の範となってきたドイツのアウトバーン整備の歴史とその役割を併せて振り返る。

第2章は、東日本大震災を経験した直後であり特に執筆を加えた。大規模自然災害によってもたらされる被害と応急復旧に向けたインフラストラクチャの役割について考える。その後、インフラストラクチャの恒久復旧への足取りと、その間の機能被害を紹介することにより、その役割の重要性を考える。

第3章では、国づくり・都市づくりに関わる国・地方自治体・事業者・民間の協働と分担、そして組織内での職位と役割を述べた後、職種によって異なるシビルエンジニアの仕事を紹介する。

第4章では、社会人として働く場合の個人と組織の契約関係、人事評価や給与などの制度について紹介する。また、クライアントや社外活動など所属組織外との共同作業についても紹介する。

第5章では、高度職業人に求められる資質として、①専門力、②人間力、③企画力、④判断力と実行力、そして⑤哲学を取り上げ、その重要性と内容について説明する。

第6章では、国際舞台進出の必要性を述べる。わが国国土整備の現状と国内市場の動向を概観した後、蓄積してきた建設技術および国際貢献と海外市場の観点から、その理由を述べる。さらに、海外市場参入に向けての課題にも触れる。最後に、国際人材育成の必要性から若年時代の国際経験の重要性について述べる。

終章である第7章は、エンジニアリング哲学と人としての哲学を持つことの重要性に触れる。これまでのエンジニアリングが果たしてきた役割と課題について振り返った後、シビルエンジニアのやり甲斐について考える。その後、人として働くことについて考える。人間社会の中で自分の役割を明らかにできてこそ、エンジニアリング哲学を持つことができるからである。

ついこの前、大学を卒業して社会人になったのに……、四〇年近くがあっという間に過ぎた。一生懸命にシビルエンジニア人生を生きてきたように思う。大した人生でもないが、振り返ってみて、人との出会いが実に自分を成長させてくれたと確信している。先人からプレゼントを頂いて、成長させて頂いた。

職業人としての人生は、長いようで短い。次代を担う若いシビルエンジニアには、正しく・大きく羽ばたいて欲しいと願っている。定年まで気の遠くなるような長い時間があるのではない。一期一会、その想いを強くして大切に時を刻んで欲しい。本書がささやかな出会いになれば幸いである。

二〇一一年一〇月

著者

目次

シビルエンジニアの生き方・あり方

第1章

インフラストラクチャの役割

シビルエンジニアの携わる仕事は、電力・ガス・水道・下水など主として生活基盤に関わる施設や、道路・鉄道・港湾・河川など主として社会基盤に関わる施設の整備である。これらのインフラストラクチャは、今日ではあって当たり前、無い不自由を想像できないほどになり、それどころか投資削減が声高に叫ばれる時代になっている。あって当たり前のインフラストラクチャがどれほど重要であるか、市民への発信も必要である一方で、まずは、それを仕事にするシビルエンジニアがその役割を理解する必要がある。そのためには、最初にこれまでインフラストラクチャがどのような役割を果たしてきたかを学ぶのがよいと思われる。

1－1節～1－3節では、インフラストラクチャの代表格であり、また近年わが国では投資削減がとりわけ叫ばれてきた道路整備の歴史とその役割を振り返る。取組み開始時期や規模を考えるとき、わが国の歴史だけでは十分ではない。自動車王国であるアメリカ合衆国のハイウエイ、また、世界の範となってきたドイツのアウトバーン整備の歴史とその役割を併せて振り返ることにする。

1-1 アメリカ道路整備の歴史とその役割*1

ドイツおよびわが国と併記したアメリカの近代道路史一覧を**表1・1**に示す。表の流れに沿って、アメリカの道路整備の歴史と役割を振り返る。

【1】ターンパイク時代

道路と呼ばれる道ができたのは、一七〇〇年代後半～一八〇〇年代中期にかけてのターンパイク時代に遡る。ターンパイクの語源は、通行用ゲートに設けられる開閉竿のことである。ターン

西暦年	アメリカ合衆国	ドイツ連邦共和国	日本
1700	ターンパイク時代		
1800	蒸気動力の時代（鉄道）		
1900	自動車時代の夜明け　道路舗装研究と近代道路建設 AASHTO:8万kmの全国道路網計画 国防体制からの道路改善・建設 戦時体制下道路建設停止 戦後、乗用車増産	1924年STUFA（自動車道路研究協会）設立 1927年総延長22,500kmの長距離道路網建設計画 1933年フランクフルト（マイン）～ダルムシュタット間建設開始 1942年第2次世界大戦でアウトバーン建設中止	1919年道路法制定、大正国道指定 1920年第一次道路改良計画 1923年関東大震災で頓挫 1943年5,490kmの全国自動車国道計画 1944年打ち切り
1950	1956年道路連邦補助法案成立 インターステートハイウエイ建設	1955年アウトバーン建設再開 1957年連邦長距離道路網整備計画 1971年長距離道路整備計画法→総延長15,000km 1990年東西ドイツ再統一 1991年交通インフラ計画促進法	1962年全国総合開発計画 東名・名神高速道路 1969年新全国総合開発計画 新幹線・高速道路
2000	2005年連邦道路整備法SAFETEA-LU		

表1-1　米独日 近代道路史

パイク会社と呼ばれる民間道路会社が道路を建設し、通行料収入によって運営するものである。この時代の道路は主として郵便道路、軍用道路としての役割であった。利用は馬や馬車であり、その利便性は道路の質に支配される。なんといってもぬかるみや轍《わだち》への工夫が必要となる。スコットランド人であるJ・L・マカダムによって開発されたマカダム式道路は、直径五〇ミリメートル程度の石を一五〇～二五〇ミリメートル厚さで敷き、通行車両により自然転圧させるものであった（図1-1）。

【2】蒸気動力の時代

一八〇〇年代中期以降は蒸気動力の時代が始まる。鉄道会社に政府が公有地および貸付金を交付する。南北戦争下、北部諸州は生産力を増大させ、その結果、四本の大陸横断路線とカリフォルニア―オレゴン―ワシントン州を結ぶ南北路線を完成させた。一九〇〇年に鉄道網は総延長四二万キロに達したと言われる。その結果、巨大市場の創出と産業の発展を導くことになり、今日のアメリカの大都市もこの時代に形作られることになる。

この時代の鉄道と道路の役割について考える。農産物の大都市への運搬は鉄道に任せる。この場合、沿線両側数キロ地域の農産物は扱えるが、奥地までは難しい。したがって、道路が良くなればずっと奥の農産物まで手が伸ばせるが……というものであった。しかしながら、連邦補助法では道路は郵便機能と位置づけ、郵便道路には連邦政府が補助するが、産業用道路には補助しなかったのである。

一九一三年第三回アメリカ道路会議でのシャックルフォード議員の発言を紹介する。

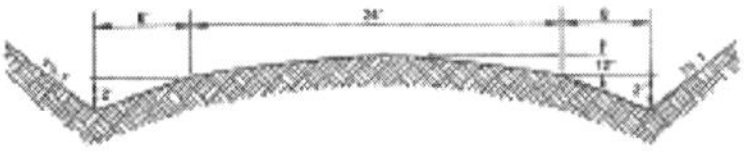

排水用の横断勾配と側溝を設けた道路舗装の一例
（1910年代にアイオワ州で採用されたもの）

図1-1　マカダム式道路

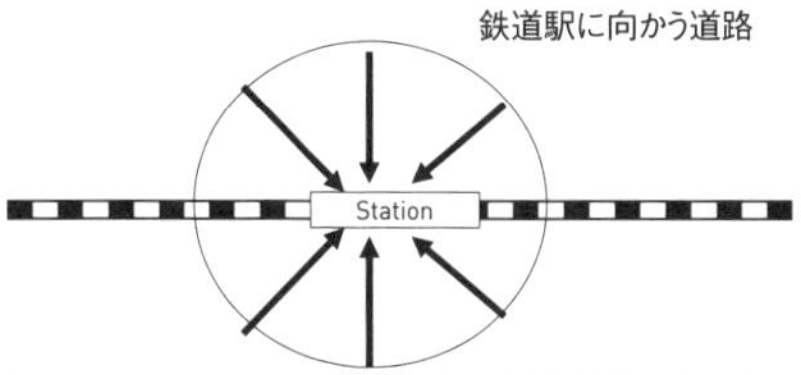

図1-2　シャックルフォード議員による鉄道と道路のあり方

「鉄道駅が道路の終着点というのが現実的な見方であり、長距離輸送で道路が鉄道より安いことはあり得ないし、トラックと乗用車が鉄道から旅客と貨物を奪うと考えるのは全くの空想である。道路本来の目的は、大陸の両端の海岸や遠く離れている州の首都同士を結ぶものではなく、その一端が農場で他端に町や駅があって、農民は安い輸送費で農産物を市場に持ち込み、町の住民も農産物を安く手軽に入手できる。それで道路は町と鉄道駅から農村へ向け放射状に走る総合的体系こそ、望ましいものである」

今日から見ると大変興味深い発言である。実に次代の予測は難しい。当時の道路のあり方を絵にすると**図1-2**のようになる。このような背景もあり、道路の所轄官庁は一九三九年七月の連邦事業省に代わるまでずっと農務省であった。

【3】自動車時代の夜明け

一九〇〇年前後から自動車生産が始まる。しかしながら、問題はぬかるみ・轍への対応である(**図1-3**)。一九一四版道路台帳によると、全米道路総延長は四百万キロメートル、そのうち瀝青マカダム・コンクリート表層道路は五万キロメートルであったとされる(**図1-4**)。

このような背景のもと、道路建設・維持管理と道路技術者の関与の必要性から道路交通法が策定され

図1-3　ぬかるみ・轍

図1-4　スチームローラーとマカダム道路

図1-5　戦時需要によるトラックの増産

るとともに、一九一〇年には全米道路協会（AASHTO）が誕生した。

大きな状況変化を導いたのは、第一次世界大戦への参戦と鉄道貨物輸送の破綻によるトラック輸送の必要性であった。当時軍需品の運搬は鉄道に頼っていたが、駅部に輸送品が滞留しパニック状態を引き起こしたのである。駅から積出港への搬送に関わる積荷・受荷の破綻であった。そこでトラックが生産地から積出港まで自走するようになった。このようにして、一九一七年陸軍は三万台のトラック生産を発注する（図1-5）。一方、新鮮野菜・ミルクのトラックによる都市への輸送も求められるようになった。当時の農務長官であるマクドナルドは、「必要なのは重要な補給基地、動員地、工業中心地を連絡する道路網である」と発言している。前述したシャックルフォード議員の一九一三年発言段階では想像もできなかった大きな変化を迎えることになったのである。このような背景のもと、一九二三年連邦道路局は四八州すべてに幹線道路網を指定するとともに地図出版を決定した。同時に道路舗装研究が積極的に進められた。

【4】自動車産業と巨大需要の時代

一九二五年の全米自動車登録台数は一九九五万台である。これが一九二九年には二六五〇万台となった。一九二〇年の全米総人口は一億六〇〇〇万人であるから、四人に一人が自動車を保有することになった。ちなみに、現時点でのわが国の自動車保有台数は七三五〇万台（二〇一〇年）、米国は二億四六〇〇万台である（二〇〇八年）＊2。

自動車生産は鉄、ガラス、ゴム、燃料、観光、そして道路建設にまで巨大需要を生んだ。道路建設により生産地とのアクセスが容易になり、さらに生産需要を高めたということもできる。

図1-6　多車線ハイウエイの建設

一九二九年に大恐慌が起こるが、景気回復のための公共事業投資がなされ、これも道路建設につながっていった。このようにして、一九四〇代には幹線道路は三〇メートル幅が常識になり、多車線ハイウエイや分離ハイウエイまで建設されるようになった（図1-6）。実に、わが国にとっては第二次世界大戦渦中の時代である。

一九四三年に行われた高速ハイウエイ網調査では延長距離五万五〇〇〇キロメートルに達し（全道路総延長の一％）、総走行距離の二〇％を負担、人口三〇万以上の全都市を直結していた。

【5】第二次世界大戦下の道路

第二次世界大戦下では、さすがのアメリカ合衆国も道路建設は軍事関連道路に集中した。同時に、過載、過重量が道路破損を引き起こし、維持管理の必要が生じた。一九四〇年六月には、ルーズベルト大統領は、「公共道路庁に国防上の見地からわが国のハイウエイ機能を調査させ、対策が必要なものはすべて報告すること。特に、橋梁の強度、戦略上必要な道路の幅員、都市中心部への出入りの難易度、既存および計画中の陸海空軍基地への連絡路の状況などを重点的に調べること」との指令を出した。トラック寸法や重量の統一もなされた。一方、鋼材が不足し、Bクラスの道路橋に対しては鉄筋省略、または木橋が用いられることになった。このように、一九四二年以降、新規事業は軍事関連に限る方針が出された。

カナダを挟むアラスカは米国にとって重要な資源拠点である。攻撃への対処から、そのアクセ

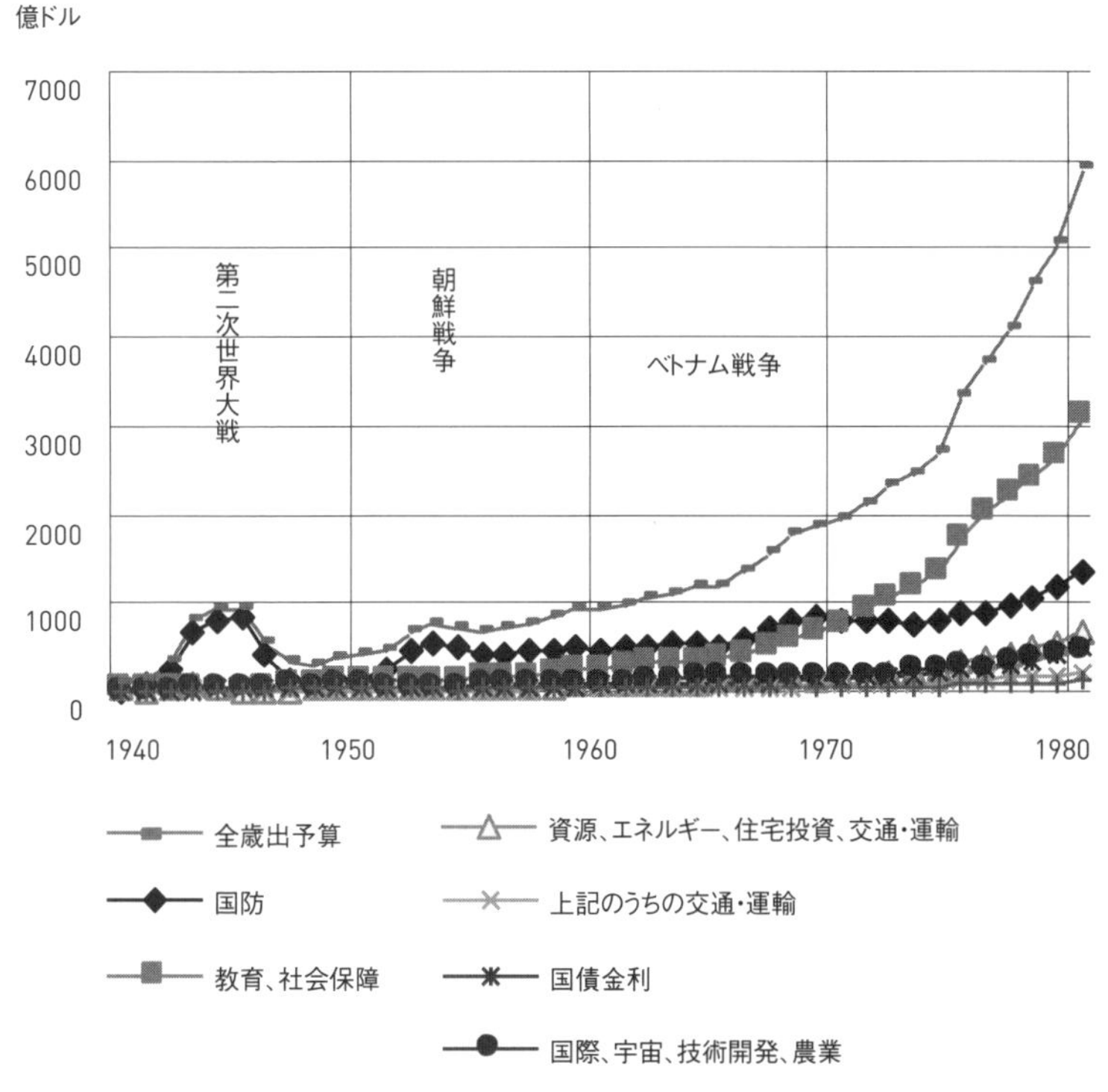

図1-7 1940～1980年の米国歳出予算と国防費（http://www.whitehouse.gov/omb/budget/fy2007/pdf/hist.pdf）

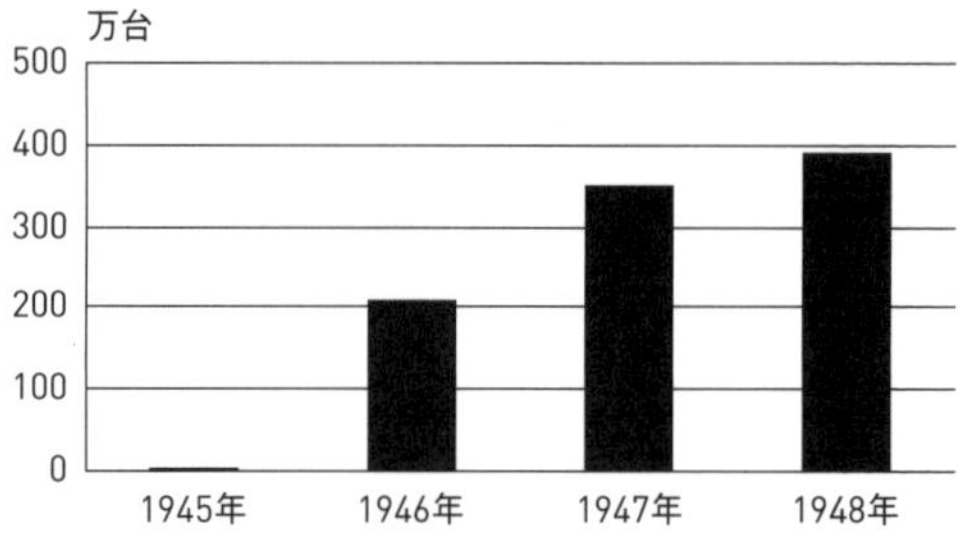

図1-8　米国の第2次大戦後の自動車生産

スを容易にするため一九四二〜一九四三年にはアラスカ国防道路二二八〇キロメートルを建設する。また、南米側からの攻撃にも対処するため一九四一年パナマ地峡横断ハイウェイ建設を支援した。第二次世界大戦下は、特に軍用道路の建設に集中した時代と言える。

図1-7に、一九四〇〜一九八〇年の米国歳出予算推移を示す[*3]。第二次世界大戦下、一九四〇年代の国防予算は全体予算のほとんどを占めている。米国といえども、戦時下では国防費にほとんどの予算を投入していたのである。なお、図には朝鮮戦争やベトナム戦争期間も参考に示すが、これらの時期にも国防費が増大している。実に、戦争は国家予算を圧迫することがわかる。

【6】戦後のアメリカ道路

インターステートハイウェイとは、州と州を結ぶ高速道路のことである。インターステートハイウェイに指定するためには州の合意が必要となる。各州調整を受け、一九四七年には連邦事業省長官が総延長六万六二七キロメートルのインターステートハイウェイシステム計画案を承認した。一九四五年八月終戦を迎え、その後は再び乗用車生産が開始された。翌年には二〇〇万台、三年後には四〇〇万台にまで回復した(**図1-8**)。

米国の高速道路は、概ね都市近郊の有料高速道路と前述のインターステートハイウェイからなる。前者は、ターンパイク公社が通行料で借款する有料道路であり、州単位で着工する。用地

連邦高速道路整備法　SAFETEA-LU
Safe, Accountable, Flexible, Efficient Transportation Equity Act : A Legacy for Users

・史上最大の道路整備に関する投資規模となる
2,864億USドル(6年間)の予算を確保

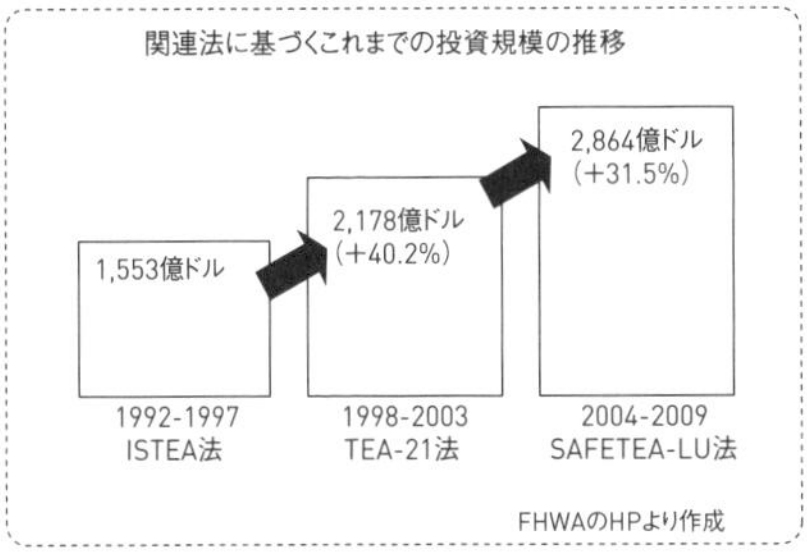

(交通省)交通インフラ整備の戦略計画
Strategic Plan 2006-2011

・交通インフラへの継続的投資が国民生活の質を改善し、
経済成長を加速させるとの認識のもと、
5つの戦略的目標を掲出。

5つの戦略目標「安全」、「渋滞緩和」、
「接続性の改善」、「環境」、「マネジメント」

・渋滞緩和に特に重点をおき、複数の州にまたがる
多目的輸送路である「未来のルート」の開発等を推進。

図1-9　近年の米国道路予算投資(国土交通省:真に必要な社会資本整備と公共事業改革への取組(冬柴臨時議員提出資料)、平成19年5月8日、http://www5.cao.go.jp/keizai-shimon/minutes/2007/0508/item13.pdf)

を十分にとった上下線分離の高速道路である。後者については、一九五六年道路連邦補助法案が成立することにより加速した。道路利用者が払った種々の税金はすべて道路に対する補助に充当するという法案であり、アイゼンハワー大統領が署名して発効した。これが今日のインターステートハイウェイ網の実現を可能にした。その陰には、一九一九〜一九五三年にわたってひたすら道路行政に携わってきたトーマス・H・マクドナルド道路局長の業績が大きいと言われる。なお、道路の所轄官庁も一九六七年には交通省道路局(Federal Highway Administration, Department of Transportation)となり、わが国が東名・名神高速道路建設に着手する一九六〇年代には、既に総延長約七万キロメートルの高速道路網が整備されていた。

【7】近年の道路予算投資

近年の道路関係予算投資を**図1-9**に示す*4。米国は六年単位の整備プログラムを法で定めて実行しているが、ここ二〇年増加傾向にある。近年の連邦道路整備法SAFETEA-LU(Safe, Accountable, Flexible, Efficient Transportation Equity Act: A Legacy for Users)は六年間二八六四億ドルであり、年間

	TEA-21		SAFETEA-LU		年平均
	6カ年予算	年平均予算	5年間予算	年平均予算	予算伸率
インターステート維持(IM)	23,810	3,968	25,202	5,040	1.27
ナショナルハイウエイシステム(NHS)	28,571	4,762	30,542	6,108	1.28
橋梁補修(Bridge)	20,430	3,405	21,607	4,321	1.27
陸上交通改善プログラム(STP)	33,333	5,555	32,550	6,510	1.17
渋滞緩和・大気改善プログラム(CMAQ)	8,123	1,354	8,609	1,722	1.27
交通安全改善プログラム(HSIP)	—	—	5,064	1,013	皆増
研究開発	2,881	480	2,149	430	0.90

図1-10　SAFETEA-LUの概要（単位：百万ドル）
IM (Interstate Maintenance)：維持管理
NHS (National HighwaySystem)：空港港湾公共施設間道路、軍需用道路、インターステートも含む
STP (Surface Transportation Program)：交通安全対策、環境保全対策など
CMAQ (Congestion Mitigation and Air Quality Improvement Program)：渋滞緩和対策、大気汚染対策
HSIP (Highway Safety Improvement Program)：交通安全対策、情報システム

四七七億ドル（四兆円／年、八三円／ドルで換算）に相当する。ちなみに、わが国の二〇一〇年度道路整備予算は二・七兆円である。過去一〇年間米国の道路は渋滞が悪化しており、道路整備不足は持続ある発展の障害となるという国内世論を受けたものである。二〇〇五年八月一〇日にブッシュ大統領の署名により実効された。「安全」、「渋滞緩和」、「接続性の改善」、「環境」、そして「マネジメント」の五つの戦略目標が掲げられている。

図1-10に、一九九八～二〇〇三年のプログラムであるTEA-21と比較したSAFETEA-LUの概要を示す。全体としては、インターステート維持（IM）、ナショナルハイウエイシステム（NHS）、橋梁補修（Bridge）、陸上交通改善プログラム（STP）までがハード系予算、渋滞緩和・大気改善プログラム（CMAQ）、交通安全改善プログラム（HSIP）がソフト系予算である。一部が他のプログラムに組み込まれている研究開発以外は、TEA-21と比較していずれも二〇～三〇％の伸び率である。

予算投資のポイントは以下である。

・安全関係予算・施策の充実（STP、HSIP）

・有料道路関係施策の充実（NHS）

インターステート建設費用調達を目的としたインターステートの道路、橋梁、トンネルなどの有料化パイロットプログラム

・ＩＴＳの実用化(ＮＨＳ、ＳＴＰ、ＣＭＡＱ)

なお、ＣＭＡＱとは、リアルタイム情報システムの構築とロードプライシングからなる。前者は、①交通量や旅行時間等の交通情報を観測収集・提供、②州間の情報共有により、セキュリティ向上、異常気象・事故発生時の対応、ドライバーへの旅行情報提供を目的とする。後者は、単独運転車両にＥＴＣ利用、有料前提でＨＯＶ車線(High Occupancy Vehicle車線：相乗り車優先)の利用などソフトサイドからの渋滞緩和対策である。

【8】国家予算推移と政策

最後に、米国の国家予算と政策について触れておく。一九四〇〜一九八〇年の歳出予算は既に**図1-7**に示し、国防費の占める割合の大きいことを述べた。一九五六年道路連邦補助法案が成立し、道路整備が進む一九六〇年以降は国家予算も増大していく。ベトナム戦争が終結した一九七五年以降はその増大も顕著であり、やがて社会保障費が国防費と逆転していく。

一九八一年以降の歳出予算推移を**図1-11**に示す[*3]。現在の国防費は五〇〇〇億ドルであり、予算総額の一七〜一八%に相当する。わが国の防衛費は同五〜六%であるから依然としてその比率は高く、絶対額では一〇倍以上である。二〇〇〇年以降、教育・社会保障費は全体の三分の二を占めている(日本は四分の一)。全体としては、教育・社会保障費、国防費、国債金利の順であるが、安定した教育・社会保障費は、米国をはじめ成熟国としてのバロメータになると思われる。

国防費と社会保障費を除いた歳出予算推移を**図1-12**に示す。図中には主な政策や政変を併せ

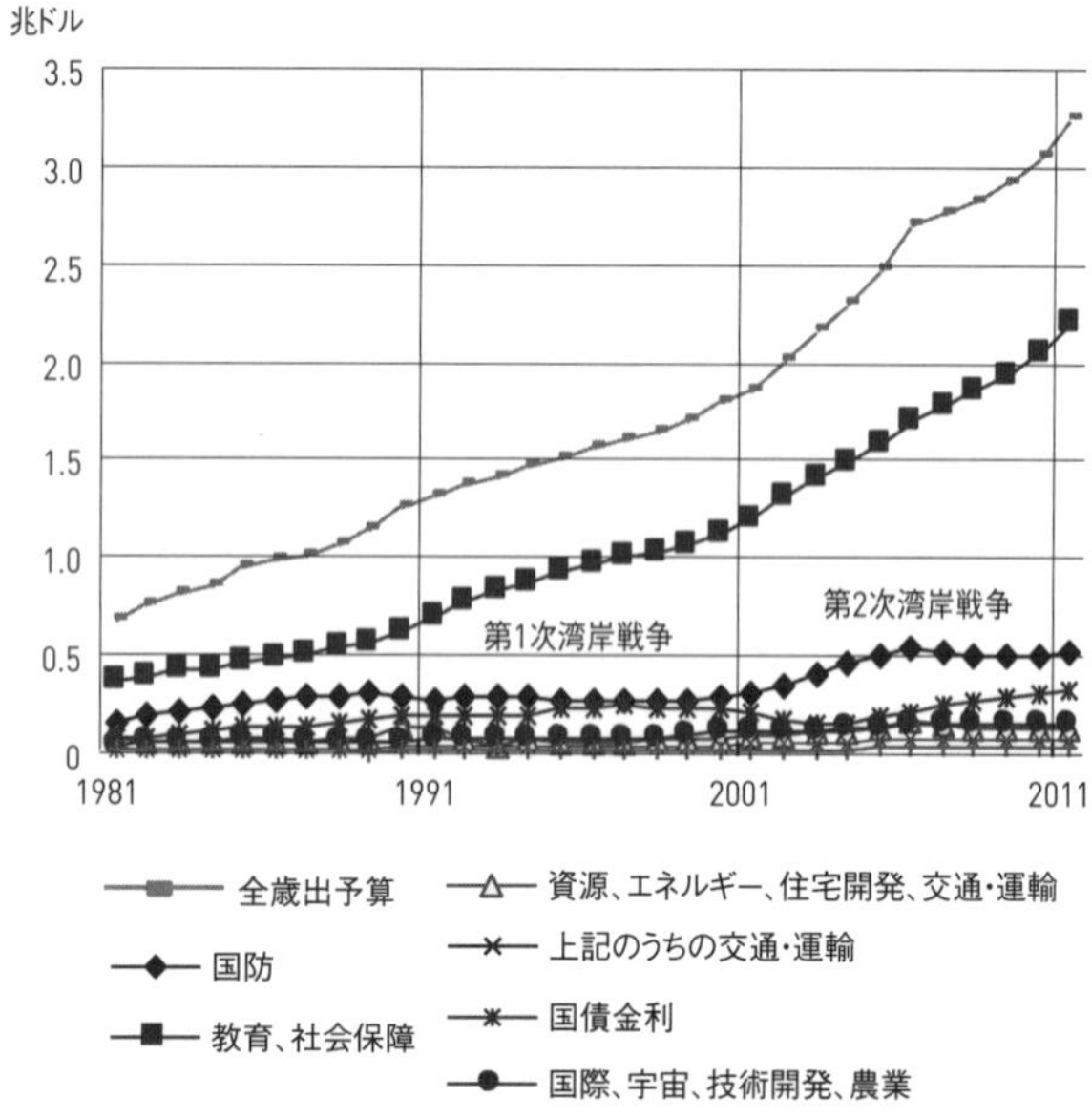

図1-11　1981～2011年の米国歳出予算

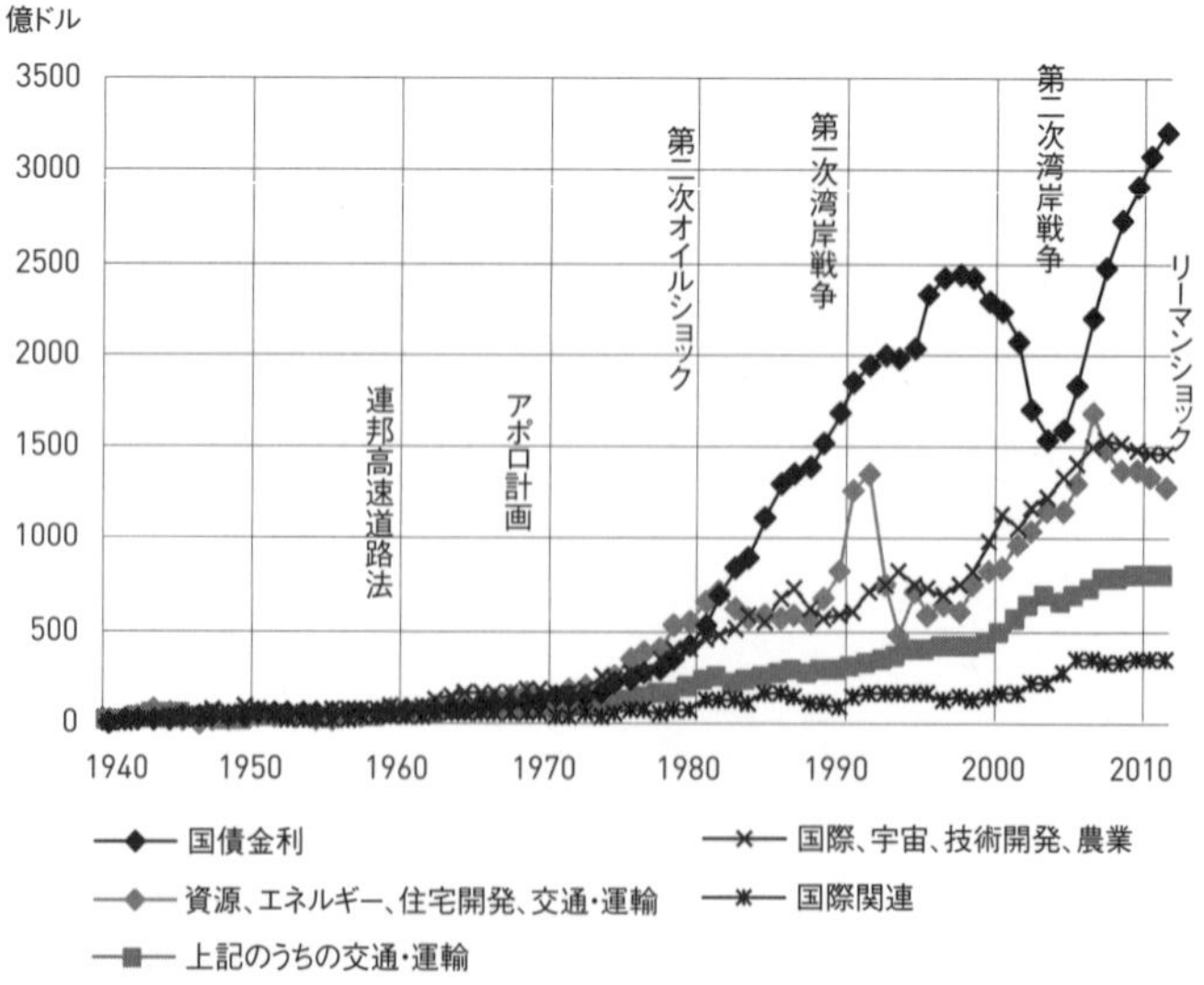

図1-12　1940～2011年における米国歳出予算推移（国防費、教育、社会保障費除く）

て示す。資源・エネルギー・運輸や国債金利などの予算は第二次オイルショック、第一次、第二次湾岸戦争後に急落している。これに対して、運輸関係予算は時代の影響を受けず安定投資（国家予算の二〜三％）が続けられている。公共投資という性格上、他とは傾向が異なることがわかる。

1-2 ドイツにおけるアウトバーン整備の歴史とその役割*5

アウトバーン整備に関わる主な歴史は既に表1-1に示している。一九二四年にSTUFA（自動車道路研究協会）が設立され、一九二七年に総延長二万二五〇〇キロメートルにわたる長距離道路網建設計画を提示した。この計画はナチス・ドイツ帝国（一九三三年〜一九四五年）政府にも引き継がれ、一九三三年九月にはフランクフルト（マイン）〜ダルムシュタット間で建設がスタートした。やがて、一九四二年には第二次世界大戦のためアウトバーンは建設中止となった（その時点で延長三八六〇キロメートル）。なお、アメリカは同時点で五万五〇〇〇キロメートルであった。

一九四五年第二次世界大戦での敗北後、分割統治の時代を経て、一九四九年にベルリンを首都とするドイツ民主共和国とボンを暫定首都とするドイツ連邦共和国の東西ドイツに分裂した。アウトバーンも分裂する結果となったが、一九五五年にはドイツ連邦共和国で建設が再開された。

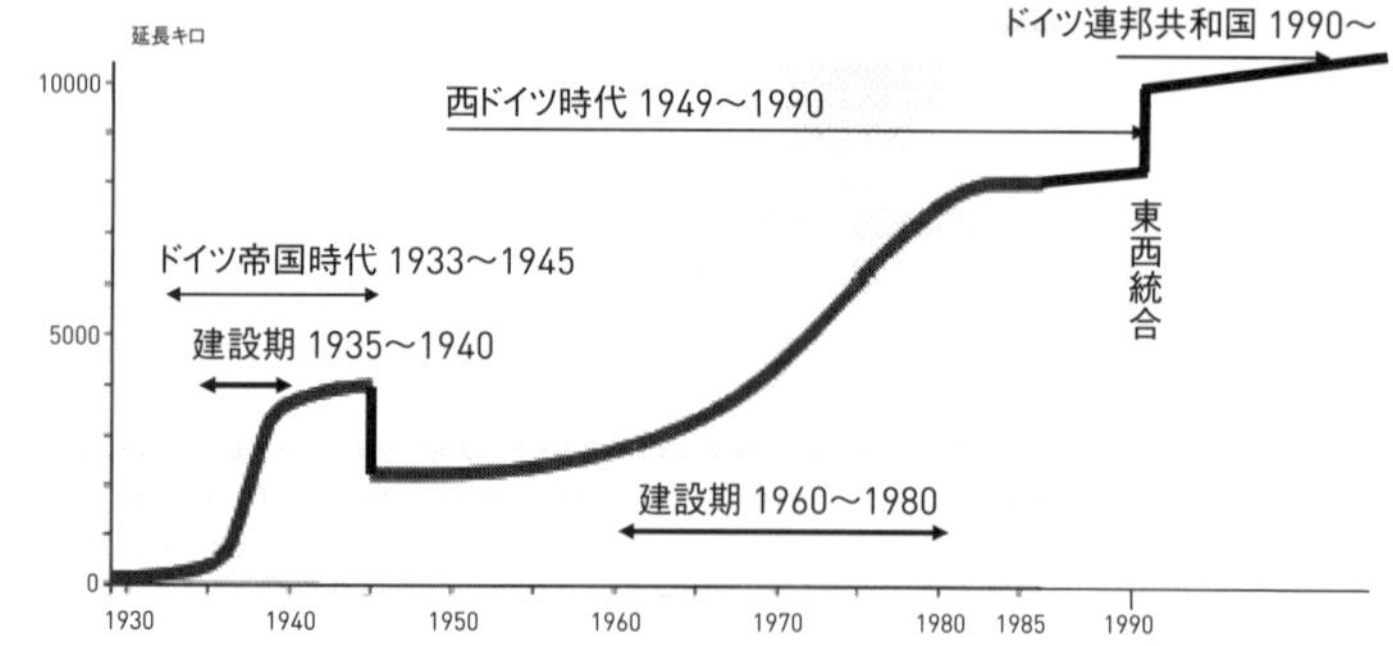

図1-13　アウトバーンの建設と総延長

【1】アウトバーンの建設

主に東西ドイツが統合した一九九〇年までのアウトバーン建設の流れを**図1-13**に示す。建設の第一期はＳＴＵＦＡの建設計画から第二次世界大戦前までの一九三五～一九四〇年である。

東西ドイツ分裂後、一九五七年ドイツ連邦共和国でアウトバーン・ネットワーク「連邦長距離道路網整備計画」が策定された。これを受けた一九六〇～一九八〇年が第二期となる。同整備計画での目的は以下の三つであった。

① 各経済圏間の交通時間の短縮
② アクセス不能地域への道路整備
③ 近隣諸国との物流促進

ここで、①、③は産業基盤として、②は生活基盤としての位置づけになる。

その後、一九七一年には連邦長距離道路網整備に関する法律(整備計画法)が策定され、総延長一万五〇〇〇キロメートルに及ぶ道路網整備計画が示された。ここでは、費用／便益分析に基づく五つの道路整備目標が示されている。

① 長距離道路網の維持修繕
② 交通事故多発地点およびボトルネック解消

③　環境影響減少
④　近隣諸国との輸送改善
⑤　未整備地域の整備

④を除くと今日のわが国の道路整備目標と大差なく、当時のドイツ連邦共和国の先進性に驚かざるを得ない。実に、わが国の一九七〇年前後は高速道路建設に着手したばかりで、総延長も高々五〇〇キロメートル程度の時代であった。

【2】アウトバーンの形式と構造

時代とともに変化してきたアウトバーンの断面を**図1-14**に示す。当初は二車線道路であったものが、ドイツ帝国時代には中央分離帯を有する片側二車線×二＝四車線道路となり、原型となった。ドイツ連邦時代となって、ＲＱ33（全幅三三メートル）、ＲＱ29、そして今日標準型のＲＱ26に変化している。わが国高速道路も、これらにならったものとなっている。

次に、道路舗装形式の変化を**図1-15**に示す。一九五〇年代はコンクリート舗装が大半であったが、一九六〇以降は瀝青舗装技術が進歩し、一九七〇年前には逆転していく。当初はわずかに採用されていたブロック舗装は、この頃には消滅した。

さらに、橋梁数と構造形式の変化を**図1-16**に示す。一九六〇年代は鉄筋コンクリート橋が多く用いられたが、長スパン化とともにプレストレストコンクリート技術が進歩する一九七〇年以降はプレストレストコンクリート橋も増加する。鋼橋は一九六〇年代のままである。維持管理の観点から鉄筋コンクリート橋やプレストレストコンクリート橋が多用されているとみることがで

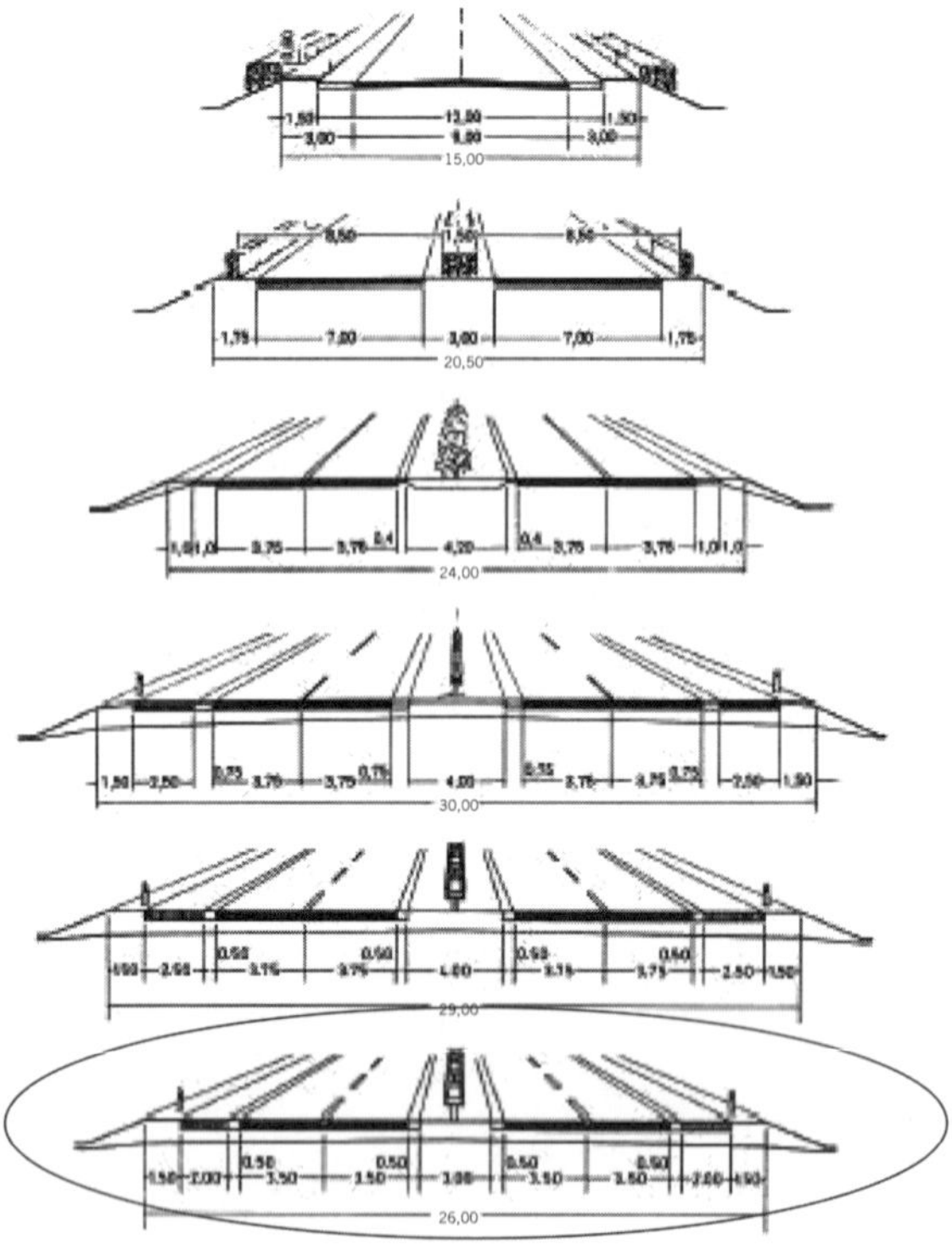

ハフラバ計画
(1927年)

ハフラバ計画
(1931年)

帝国アウトバーン
(1930年以降)

連邦アウトバーン
(RQ30、1955年以降)

連邦アウトバーン
(RQ29、1972年以降)

連邦アウトバーン
(RQ26)

図1-14　アウトバーンの断面

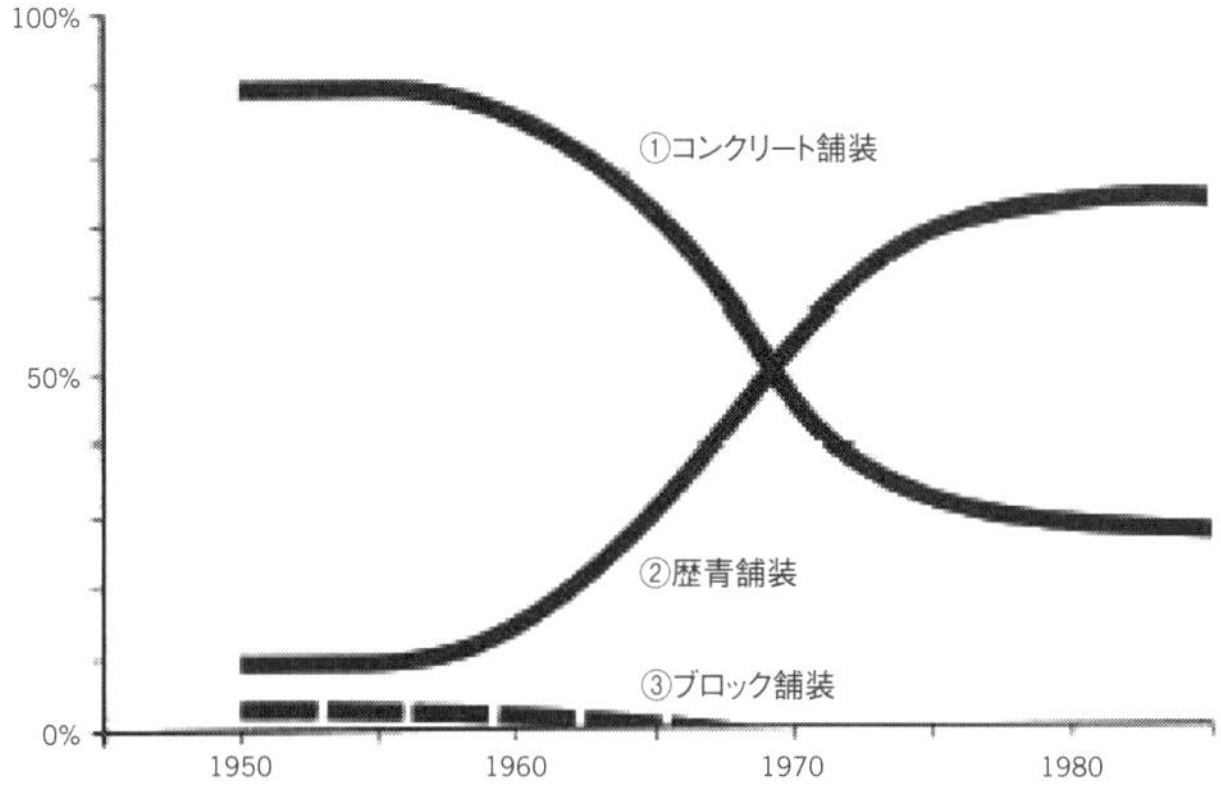

図1-15　アウトバーンの道路舗装

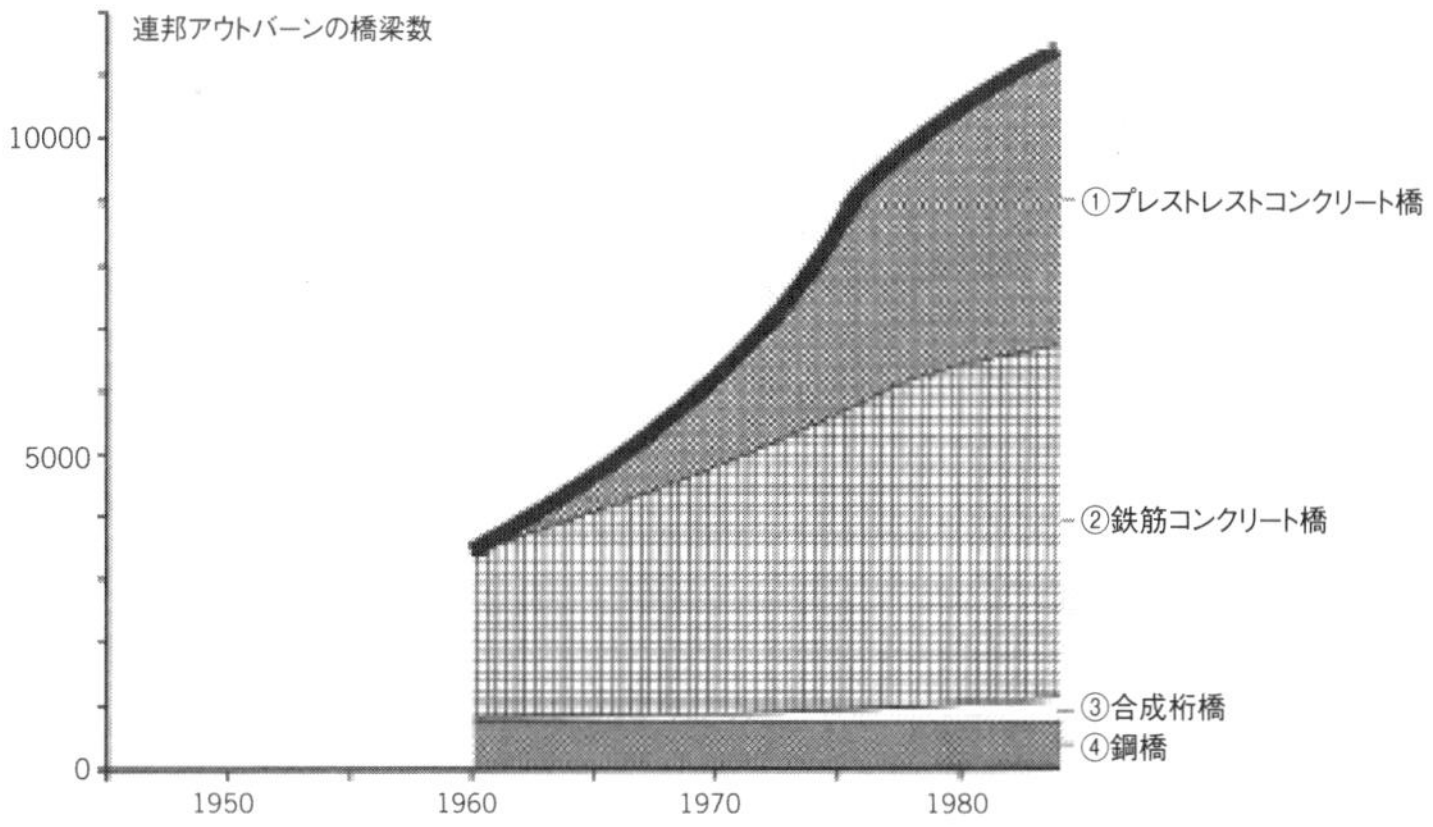

図1-16　アウトバーンの橋梁数と構造形式

きる。

【3】東西ドイツ統合後の交通インフラ整備

一九九〇年に東西ドイツが統合して新たにドイツ連邦共和国としてスタートし、旧東ドイツ（ドイツ民主共和国）への高容量交通リンク、および同地インフラの整備が課題となった。一九九一年一二月に交通インフラ計画促進法が制定されたが、これは、一九九一年〜二〇〇四年の一四年間で六〇〇〇億ユーロの連邦予算を上記の目的に投資するものであった。このようにして整備された二〇〇五年時点でのアウトバーンネットワークを図1-17に示す。

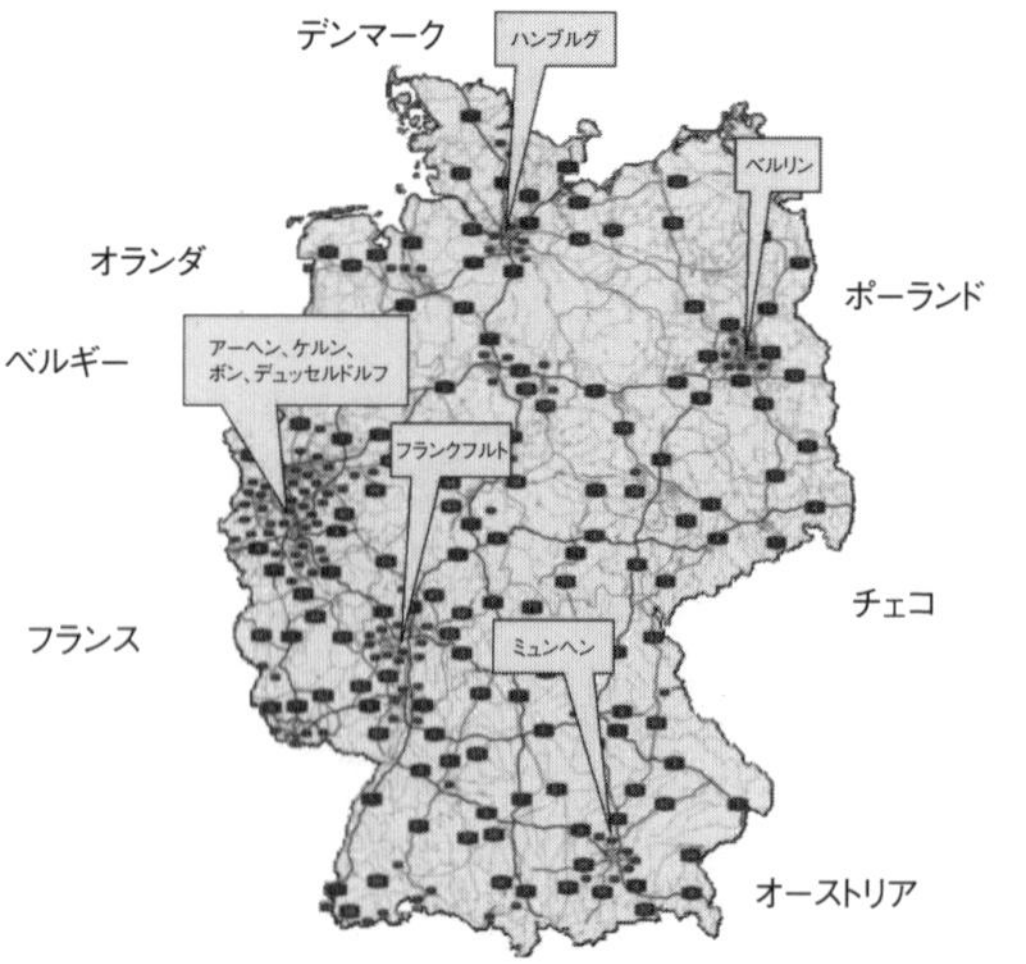

図1-17　近年のアウトバーンネットワーク

〔余話――統合に伴う教育研究インフラ整備〕

国家の統合の際には、道路のような社会基盤インフラに加え、高等教育・研究開発インフラの整備も大変重要な課題となる。一九九〇〜一九九四年にかけて、旧東ドイツ内の高等教育機関は、他機関へ吸収・統合あるいは廃止されることになった。大学について見てみると、二〇〇五年時点で新連邦州内二三大学、三五応用科学大学、一七芸術・音楽大学となった[*6]。

ところで、わが国の大学数は七〇〇を優に超えている（二〇〇八年時点）。ドイツ連邦共和国の人口は八二五〇万人とわが国に比しやや少ないが、その大学数は十分の一程度である。文系、理系、そして芸術系に明確に分けられ、わが国に比べ芸術系大学の存在感が大きい。単なる合理主義、市場主義に委ねない教育政策が感じ取れる。

神学部のない大学はドイツでは二流大学と言われる。以下に、国家が宗教を支援している例を紹介する。教会税制度というものがあり、ルター派教会やカトリック教会の所属信徒は所得税(年収一〇〇〇万円で四二%)の八〜九%を源泉徴収され、その結果、約一兆円に及ぶ額が全国のルター派教会およびカトリック教会に補助金として割り当てられる。ここにも経済原理だけで動かない国の政策を読み取ることができる。

【4】近年の交通インフラ政策

ドイツ連邦共和国は一六の連邦州(うちブレーメン、ハンブルク、ベルリンは都市州)から構成されている。連邦基本法上、各州は一定の制限を受けるが独立した国であり、州ごとに立法・行政・司法権を有している。しかしながら、連邦政府が立法権限を持つ分野が定められている。それらは、専属的立法分野(外交、防衛、通貨・貨幣制度、航空、税法の一部等)、競合的立法分野(民法、刑法、経済法、原子力法、労働法等)、大綱的立法分野(大学制度、自然・景観保護、土地利用計画等)であり、大綱的立法分野である空間整備政策については、連邦が理念・目的等に関する連邦空間整序法を定め、各州が具体化、実行する制度となっている*6。

連邦空間整序法では、第一条の国土整備の理念として「個性の自由な発揮に寄与し、すべての地域空間において同等の生活条件を提供するような国土空間の発展」を明記している。さらに、

第二条では国土整備の原則を規定し、都市部と農村部のバランスの取れた発展を目的に、①交通や公共サービスが住民の受容できる距離の範囲内に整備され、②生活条件（就業機会、居住事情、環境、交通、公共的サービス）が著しく立ち遅れている地域での改善を図ることにより、住民が能力・人格の自由な発展機会を持つことが必要であるとしている。

上記国土整備の原則は一五項目に及ぶ具体項目を謳っているが、そのうち、直接間接を問わず交通インフラ政策に関連するものを列記する。

① 均衡の取れた集落・空間構造の実現。経済的・社会的・文化的・生態学的諸関係を保った生活空間構造の確保
② 中心地と都市地域を効率良く組み合わせた分散的集落構造の形成
③ 集落・空間構造を実現するためのインフラの整備
④ 人口密集地域における健全な生活条件および均衡の取れた経済社会構造の確保
⑤ 生活条件が連邦平均よりも劣っている地域の整備促進
⑥ 自然・風景の保護育成、環境の保全
⑦ 職場立地の適正化による均衡の取れた持続可能な経済構造の実現
⑧ 構造的に脆弱な農業地域の生活・雇用条件の改善
⑨ 交通負荷の緩和（交通システムの改善）
⑩ 民間防衛、軍事防衛の必要性の考慮

このように、経済構造を維持しつつ環境と生活に軸足を置いた政策をとっている。道路を含む

交通インフラは、一般に産業基盤および生活基盤としての役割を有するが、生活基盤としての役割重視とみることができる。

一九九三年のＥＵ連合発足後、国境を越えた国土計画・国土政策についても主導的役割を果たしている。二〇〇七年にドイツが議長国で都市開発および地域的結束に関するＥＵ加盟国非公式大臣会合が開催され、持続可能なヨーロッパの都市に向けたライプツィヒ憲章が採択された。その中での交通インフラに関連する主な事項は以下である。

・効率的なインフラネットワーク
・地方の労働市場へのアクセスの機会増大
・効率的で手頃な公共交通システムの整備

また、ＥＵ連合加盟各国の空間計画・開発担当大臣が欧州委員会との協力の下に作り上げた二〇〇九年のＥＵ地域アジェンダ「多様な地域から成る、より競争力があり持続可能なヨーロッパに向けて」*7での主な項目は以下である。

・東欧および新しいＥＵ加盟国との交通・エネルギーインフラの統合
・農村や周辺の他の都市の価値を高める
　域内および域間のインフラネットワークの拡大
・国境を越えた交通マネジメント
　鉄道、道路、航空（多数の地方空港のネットワークを含む）
・持続可能でマルチモーダルな交通システムの開発

東西ドイツ統一後のアウトバーンの総延長は一万二八〇〇キロメートル程度に達する*6。一〇万キロメートル近いアメリカの高速道路に比較すると規模が違う。しかしながらEU連合加盟国全体でのそれは九万キロメートルに達する。道路総延長から言っても、ヨーロッパ共同体とすることでアメリカに対抗し得るのである。

1-3 わが国道路整備の歴史とその役割

わが国の道路は、遠く奈良・平安時代には七道駅路、江戸時代には五街道など人馬交通用まで遡れば歴史は古い。これらは駅伝制や伝馬制により物資を輸送するための道路であり、古代〜近世までの日本の産業を支える重要なインフラでもあった。しかしながら、汽船・鉄道を含め近代的な交通網整備に取り組むのは明治以降である。したがって、ここでは明治以降を対象に、道路整備の歴史とその役割を考えることにする。

【1】明治期の道路政策

明治以降のわが国の交通網は、当初汽船と鉄道の競合であったが、日清戦争後鉄道網が拡大し国有化された。そこで、鉄道網を主に、沿岸海運網と鉄道網による国内交通網が形成された。当初の交通網整備は、産業振興より国土防衛上の目的が強かった。そのため、陸路においては兵員・

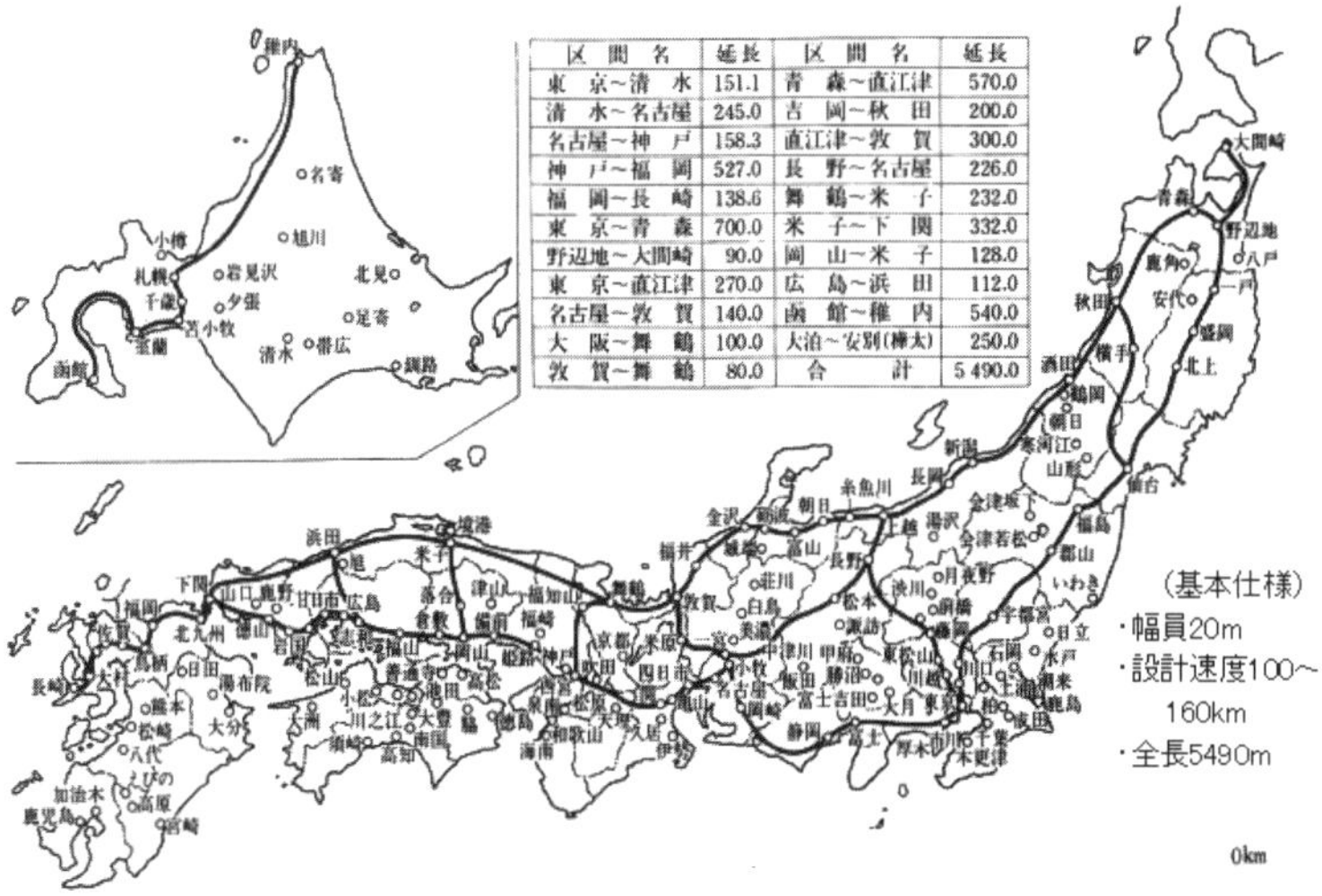

区間名	延長	区間名	延長
東京〜清水	151.1	青森〜直江津	570.0
清水〜名古屋	245.0	吉岡〜秋田	200.0
名古屋〜神戸	158.3	直江津〜敦賀	300.0
神戸〜福岡	527.0	長野〜名古屋	226.0
福岡〜長崎	138.6	舞鶴〜米子	232.0
東京〜青森	700.0	米子〜下関	332.0
野辺地〜大間崎	90.0	岡山〜米子	128.0
東京〜直江津	270.0	広島〜浜田	112.0
名古屋〜敦賀	140.0	函館〜稚内	540.0
大阪〜舞鶴	100.0	大泊〜安別(樺太)	250.0
敦賀〜舞鶴	80.0	合計	5 490.0

図1-18　全国自動車国道計画（昭和18年）（日本道路協会：日本道路史）

軍事物資輸送を主に鉄道が担ったのである。その理由の一つとして、馬車文化が未成熟で、道路網を整備しても、利用が不十分であったことが挙げられる。また、良質な自動車の製造能力や整備能力もなかった。このような背景のもと、道路政策は多くが頓挫し、本格的な道路整備が始まるのは第二次世界大戦後であった。

【2】大正・昭和初期の道路政策

わが国道路整備に関わる主な歴史は**表1-1**に示した*8。

一九一九年に初めて道路法を制定し、新たな国道（大正国道）を定めた。一九二〇年には「第一次道路改良計画」を実施するが、三年後に発生した関東大震災のため頓挫した。一九三四年「第二次道路改良計画」を実施するが、不況と戦時体制への移行によりまたも頓挫した。一九四三年戦時下での輸送体系確立の一環として、「全国自動車国道計画」を内務省が立案し（**図1-18**）、東京・神戸間の実地調査などが行われたが、翌一九四四年には打ち切られた。

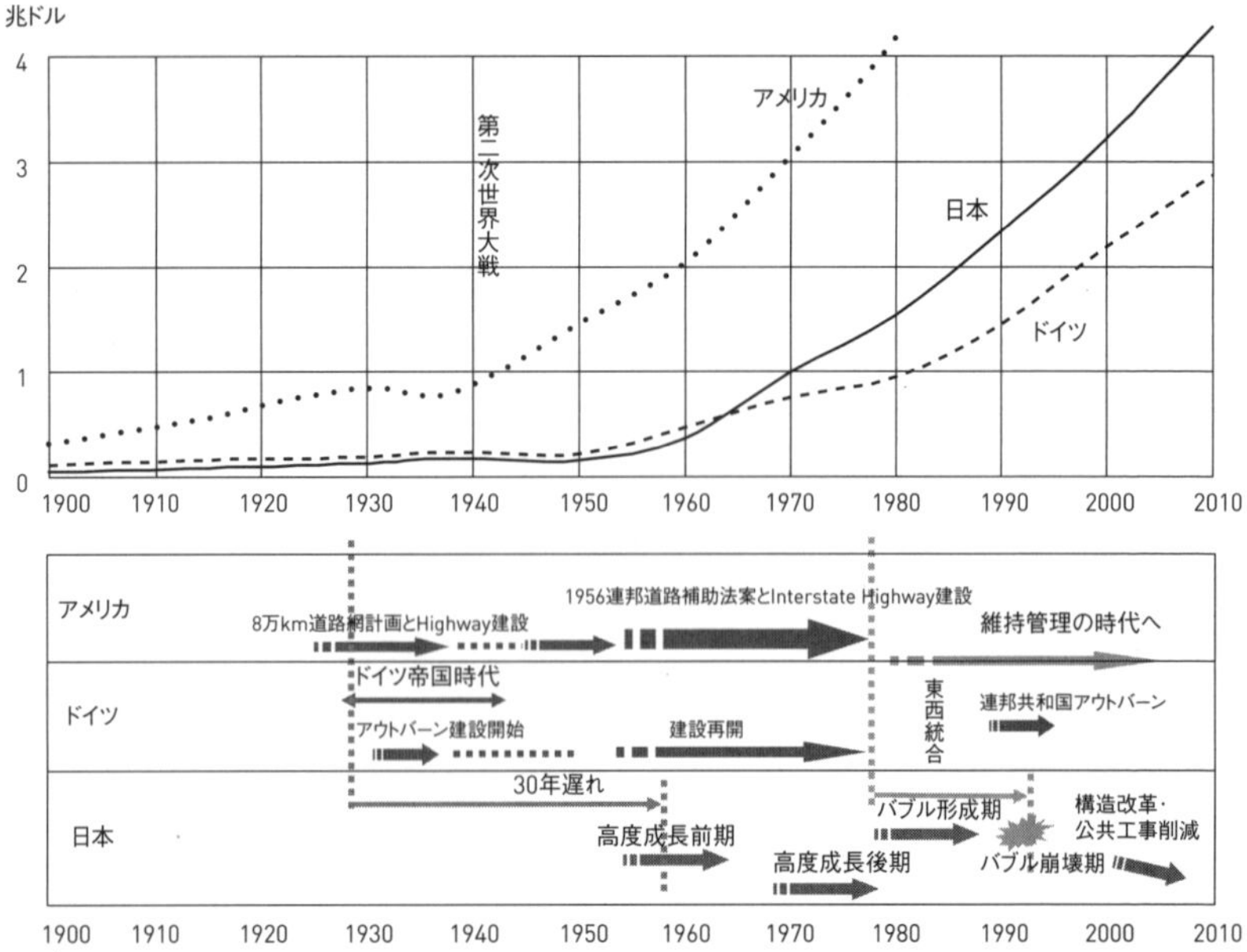

図1-19　米独日の国土政策とGDP（購買力評価）推移

【3】戦後の道路政策

戦後復興期（一九四五～一九五五年前後）には、破壊された産業基盤は立て直され、一九五〇代前半には、鉱工業生産と交通・通信関係の社会資本は戦前の水準にまで回復した。高度成長前期（一九五五～一九六五年前後）には、京浜・中京・阪神・北九州の工業地帯を中心に経済活動が活発化し、東海道新幹線や東名・名神高速道路等の大規模なプロジェクトが計画・着手された。一九六〇年には、池田内閣による「国民所得倍増計画」を受け、大都市圏の産業基盤等社会資本への優先的投資、高度成長期後期（一九六五～一九七五年前後）には地方圏への公共投資、生活基盤への配分がなされた。その後、安定成長期（一九七〇年代）に入って、田中内閣の「列島改造論」により大規模地域開発プロジェクト等が拡大していった。

このように振り返ってみると、わが国の高速道路整備は一九六〇年以降であり、また、生活基盤というより産業基盤としての役割を担ってきたとみることができる。

上述した道路政策の推移をアメリカ、ドイツと比較して**図1-19**に示す。図中には参考にGDP推移も示した[*9]。ここに、購買力平価とは「為替レートは自国通貨と外国通貨の購買力の比率によって決まる」という購買力平価説を基に算出された交換比率であり、各国の物価の違いを修正して比較できるため、より実質的な評価・比較ができると言われる。

アメリカの高速道路整備着手は一九二〇年代、アウトバーンは一九三三年、わが国高速道路のそれは一九六〇年以降である。アメリカ、ドイツとも一九八〇年には維持管理の時代へ、わが国は近年になって維持管理が叫ばれるようになった。したがって、少なくても三〇年遅れとみることができる。GDP推移を見ると、アメリカは第二次世界大戦期を除き安定的に成長し続けている。特に一九五〇年以降の成長は著しい。同大戦で敗戦したわが国、ドイツとも一九五〇年以降安定的に成長し、一九六〇年代半ばには、わが国はドイツと逆転し、バブル崩壊期の一九九〇年代初期まで高度成長時代が続く。

図1-20には高速道路総延長の推移[*10]をドイツのアウトバーンと比較して示すが、**図1-19**と同様GDP推移も示した。ドイツ帝国時代に始まったアウトバーンは、第二次世界大戦前には四〇〇〇キロメートルまで急速に建設が進んだ後、東西ドイツへの分裂により半減した。しかしながら一九五〇年以降は再び成長し、一九六〇年からは急速に整備が進み一九八〇年代にはほぼ完了している。一九九〇年の東西ドイツの統合により、現在の約一万一〇〇〇キロメートルに達している。一方、わが国は一九六〇年代になって整備に着手、一九七〇年以降急速に整備が進み、現在約八〇〇〇キロメートルに達している。GDP推移と比例的に増大してきたことがうかがえ

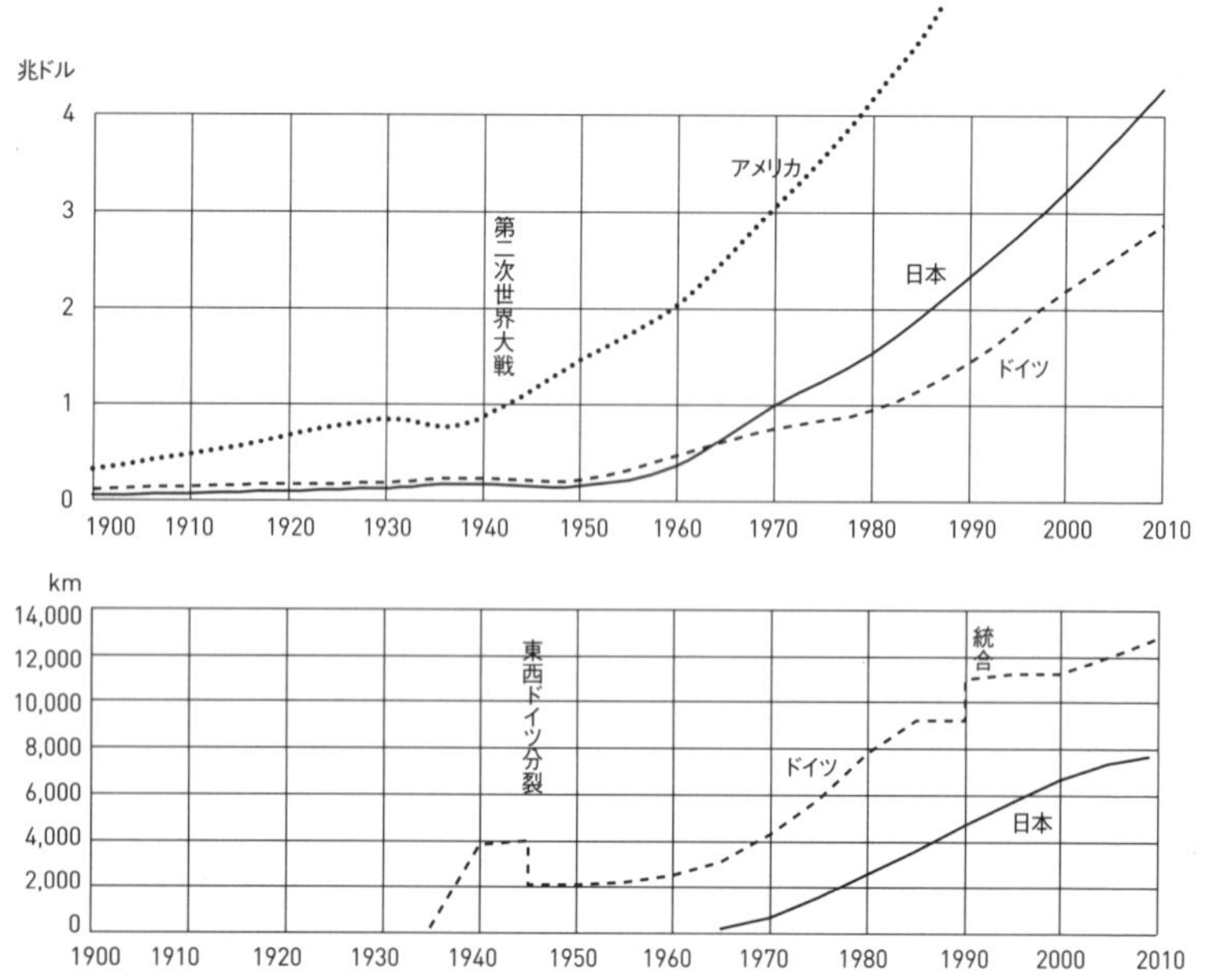

図1-20　日独の高速道路総延長とGDP推移

る。なお、国土面積はドイツが三五万七〇〇〇平方キロメートル、日本が三七万八〇〇〇平方キロメートルとほぼ同様である。図中にはアメリカ高速道路の総延長を示していないが、これは一九四三年の調査時点で既に五万五〇〇〇キロメートルに達しているためである。

　図1-21に、中国、アメリカ、EU、そしてわが国の高速道路総延長を比較して示す。国土面積は、日本の三七万平方キロメートルに対して、中国が九六〇〇万平方キロメートル、アメリカが九四〇〇万平方キロメートル、EUが四三〇〇万平方キロメートルであるので比較にならないが、日本の八〇〇〇キロメートルに対し、中国は六万五〇〇〇キロメートル（二〇〇六年時点）、アメリカ、EUはほぼ同様に約九万キロメートルである。国土面積の規模が違うから高速道路整備の優劣は議論し難い。

　一方、**図1-22**には、総延長を国土面積で割った国土に占める高速道路長を示す。中国、アメリカに比較し、ＥＵとわが国はほぼ同様に高い値を示している。英仏独などＥＵ先進諸国やアメリカの高速道路整備はほぼ完了していることから、わが国の場合も大都市圏の環状道路などを除き、列島規模での整備はほぼ終了したと言えよう。

アメリカの道路は当初は郵便道路として、そして軍用道路、産業用道路として発展してきた。ドイツの道路は産業用道路として発展してきたが、今日ではＥＵ全体としての経済力を高めるための産業基盤、そして地方の利便性や活性化を図るための生活基盤としての役割を担っていると考えられる。これらに対して、わが国の道路は当初より産業基盤としての役割に軸足が置かれていた。したがって経済効果の議論が先行し、経済効果が図られなければ無駄という考え方が強

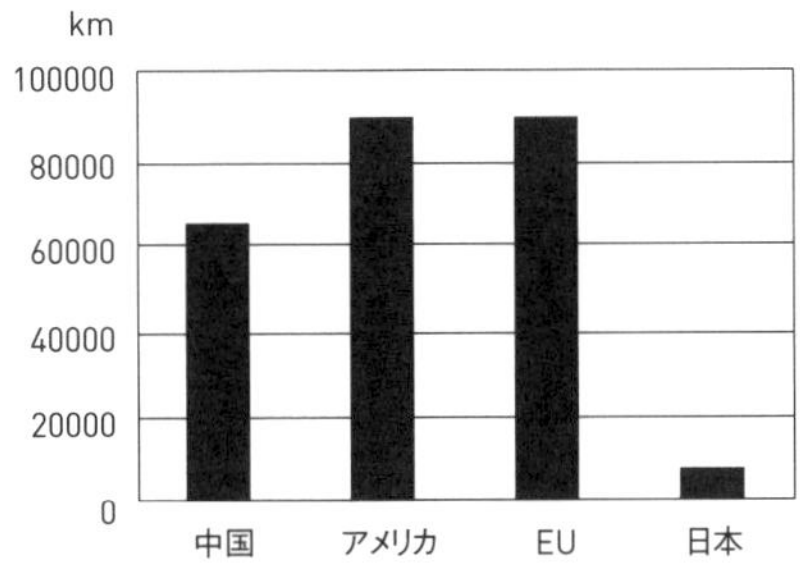

図1-21　高速道路の総延長比較

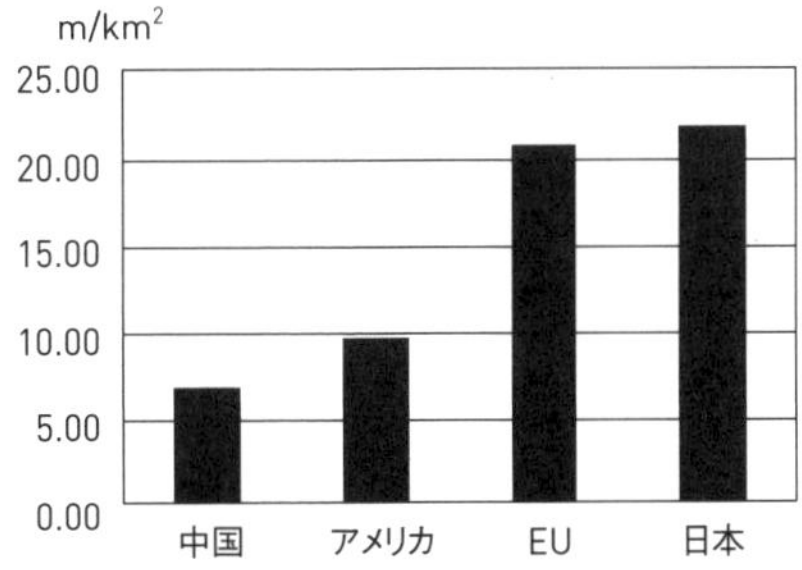

図1-22　国土に占める高速道路長比較(総延長／国土面積)

くなる。地方過疎地域への高速道路は別問題としても、生活道路の充実や高速道路へのアクセス利便性についてはあまり議論されない。

ＥＵ諸国が連合を組むことで競争力を高め、アメリカに対抗する方策は評価される。東南アジア諸国やインド等は今後発展が期待される。韓国や中国は単に競争相手であろうか。東アジア地域での連携を考えなければ、アメリカやＥＵとの競争は難しい。その際の道路のあり方は？ インフラのあり方は？ そして日本の役割は？ これからのシビルエンジニアは、エンジニアリングに立つだけでは十分でない。エンジニアリングは勿論のこと、海を越えたインフラストラクチャのあり方にも深い関心を寄せていくことが重要である。

参考文献

＊1　アメリカ連邦交通省道路局編、別所正彦、河合恭平訳『アメリカ道路史』、原書房、一九八一

＊2　統計局「世界の統計」、http://www.stat.go.jp/data/sekai/08.htm#h8-02

＊3　U.S. Government Printing Office Washington: Historical Tables, Budget of the United States Government, 2006

＊4　牧野浩志他「米国陸上交通長期法SAFETEA-LUと米国ITSの動向」、国土交通省国土技術政策総合研究所、二〇〇五、www.nilim.go.jp/japanese/its/3paper/pdf/060131douro.pdf

＊5　ドイツ連邦共和国交通省道路建設局、岡野行秀監訳、(財)道路経済研究所・道路交通研究会訳『アウトバーン』、学陽書房、一九九一

＊6　国土交通省国土計画局「平成一八年度諸外国の国土政策分析調査(その四)―ドイツの国土政策事情―報告書」、平成一九年三月

＊7　土木学会誌『交通プロジェクト』、「ドイル統一、アウトバーンプロジェクトの完成」、Vol.96, No.4, pp.4-5, 2011.4

＊8　国土交通省道路局「道の歴史」、http://www.mlit.go.jp/road/michi-re/index.htm

＊9　「数値で見る国力の推移」、http://www.geocities.jp/kingo_chuunagon/kikaku/kokuryoku.html

＊10　国土交通省道路局「道路統計年報2010」、http://www.mlit.go.jp/road/ir/ir-data/tokei-nen/index.html

第2章

インフラストラクチャと自然災害

本書執筆中の二〇一一年三月一一日一四時四六分に、M九・〇の東日本大震災が起こった。未曾有の被害である。現在は、最終的な被害実数も未確定、復旧もようやく始まった段階である。

ところで、大規模自然災害は安全・防災の重要性とインフラストラクチャの役割をいつも思い出させる。それに携わるシビルエンジニアはさておき、一般市民、国民はあって当たり前が失われる経験によって、改めてその役割の大切さに思いが至るのである。

第1章ではインフラストラクチャの社会的、経済的役割を紹介した。そこで、本章では、大規模自然災害によってもたらされる被害と応急復旧に向けたインフラストラクチャの役割について考える。その後、インフラストラクチャの恒久復旧への足取りと、その間の機能被害を紹介することにより、その役割の重要性を考える。なお、福島第一原発は大変深刻な被害であるが、実態を掴むに十分な情報が公開されていないため、本章での記述は控える。

2-1　東日本大震災でのインフラストラクチャの被害

【1】被害の概要

表2-1に、東日本大震災の被害概要を阪神大震災と比較して示す*1、2。また、表中には、特に被害が甚大であった岩手、宮城、福島三県の産業情報も併せて比較する。東日本大震災の特徴は、阪神大震災が地震被害であるのに対し、津波被害の甚大性である。

分類	項目	東日本大震災	阪神大震災
人的被害	死者(人)	15,146	6,434
	行方不明者(人)	8,881	3
	負傷者(人)	5,304	43,792
建築物被害	全壊(戸)	91,484	104,906
	半壊(戸)	40,454	144,274
	一部損壊(戸)	265,149	390,506
	全焼、半焼(戸)	261	7,132
	非住家被害(棟)	26,850	42,496
経済損失	社会資本・住宅・民間企業設備	16～25兆円	9.9兆円
参考(産業)	被災地の県内総生産全国比率	3.98% (岩手、宮城、福島3県07年)	4.0% (94年度)
	被災地の製造品出荷額の全国比率	3.59% (上記3県08年)	4.79% (93年度)
	漁船	20,239隻(岩手、宮城) 他2,506隻	40隻
	漁港	263(岩手、宮城、福島) 他62	17
	農地	23,600ha	213.6ha

表2-1　東日本大震災と阪神大震災の被害概要(2011年5月20日現在)

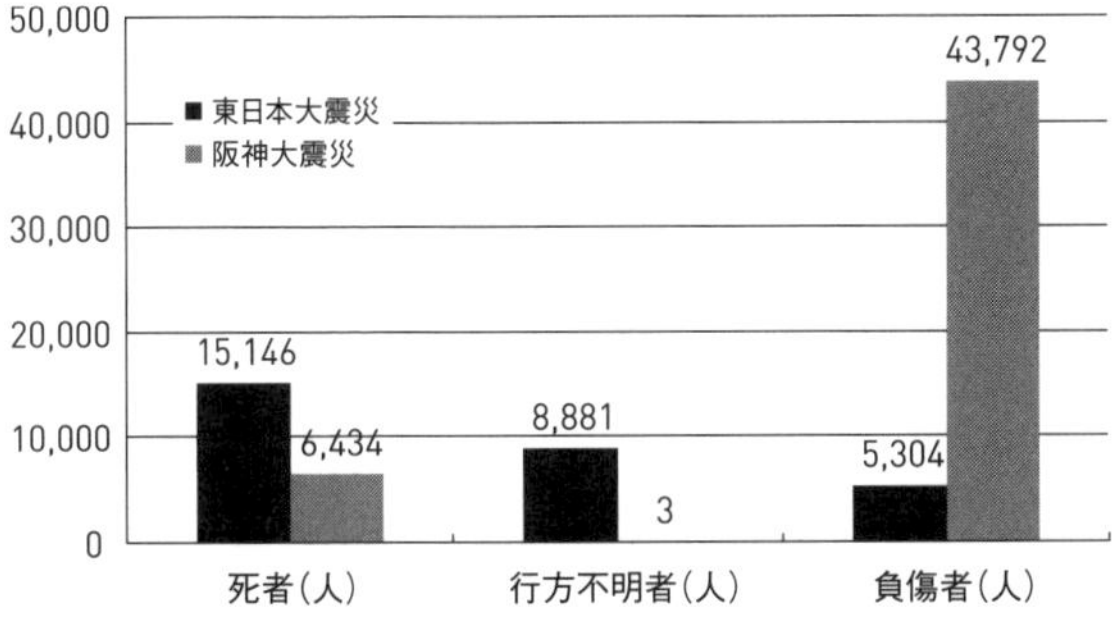

図2-1　東日本大震災の人的被害(2011年5月20日現在)

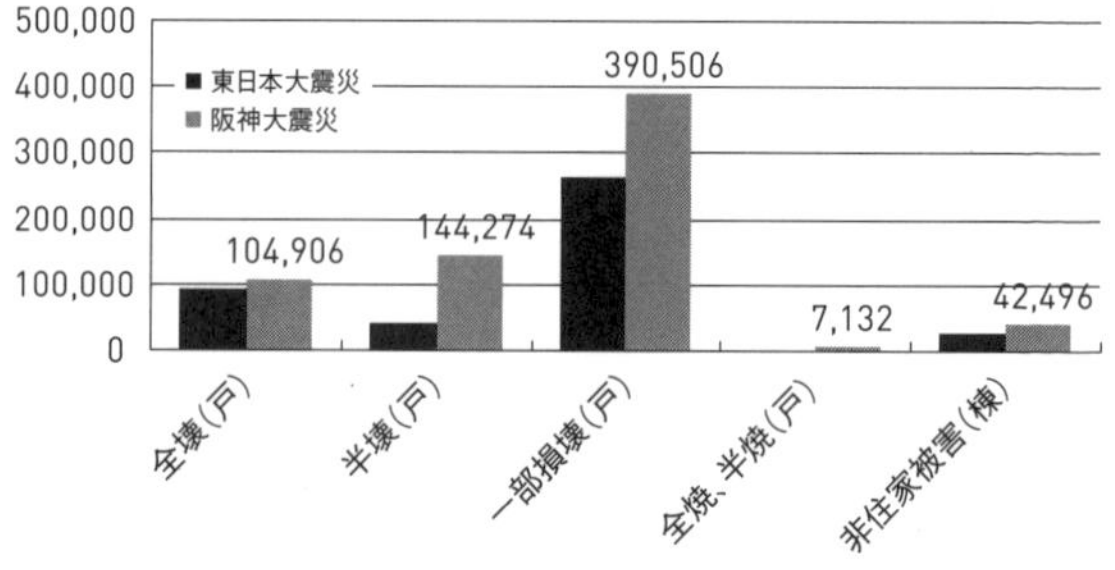

図2-2　東日本大震災の建築物被害（2011年5月20日現在）

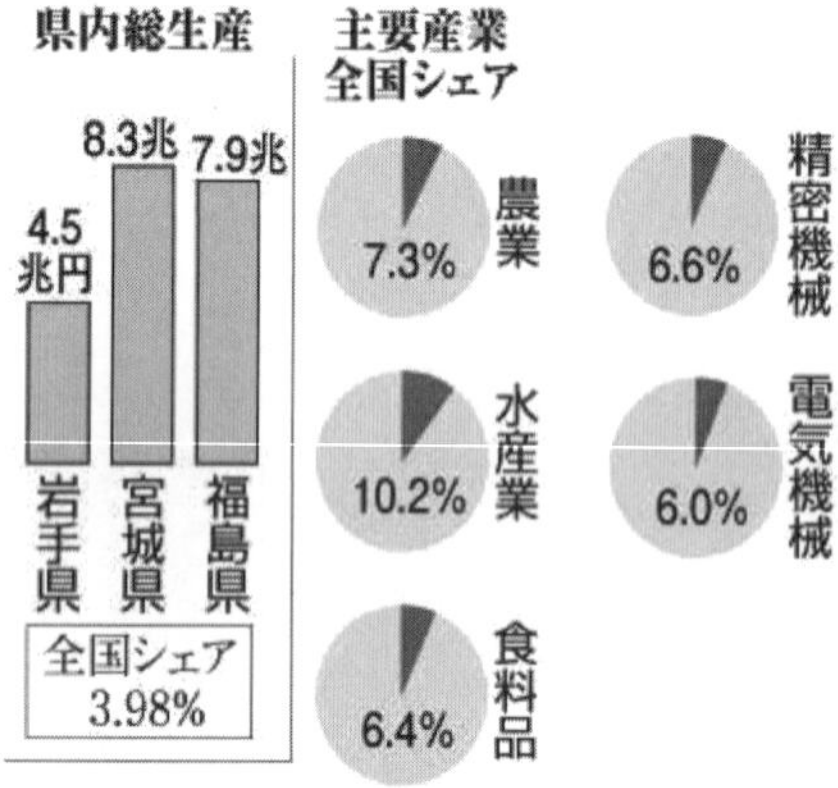

図2-3　甚大被災三県産業の全国シェア（asahi.com 図解・東日本大震災（2007年度県民経済計算確報から作成）より http://www.asahi.com/photonews/gallery/infographics2/）

被害者数（死者・行方不明者）は阪神大震災の四倍近く、経済損失（直接被害）は一・六～二・五倍に達することが予想されている。県内総生産や製造品出荷全国比率は三県合わせても三・六～四・〇％程度とやや低いが（阪神大震災は兵庫一県で四・〇～四・八％）、農業・漁業など一次産業を主としていることによる。

図2-1および図2-2は、人的被害と建築物被害に着目して、表中の数字をグラフ化したものである。阪神大震災に比較して、死者・行方不明者の数は前述のように約四倍、特に被災後二カ月余りを経た時点でも行方不明者の数が多いのが津波被害の特徴と言える。一方、負傷者数は阪神大震災が圧倒的に多いが、早朝の地震であり家屋内での被災のためと推測できる。建築物被害については、全壊戸数はほぼ同数であるものの、全般には阪神大震災より少ない。これは阪神大震災が大都市神戸の被害であるのに対し、東日本大震災は広域ではあっても東北地方の港湾や漁港市町村を中心とする被害であることによる。

図2-3には甚大被災三県の産業が全国に占めるシェアを示すが、農業、水産業の割合が高いことがわかる。しかしながら、高速道路や新幹線の整備に伴い、電気機械、精密機械などの分野のシェアも近年高まっており、自動車や情報・家電産業等に与える影響も深刻である。

表2-2には、二〇一一年五月二〇日時点でのインフラストラクチャの被害概要を示す*1。地震による山崖崩れを除いて、港湾、海岸は勿論のこと、交通施設、空港、河川についても沿岸部を中心とした津波被害が顕著である。空港については、沿岸に位置する仙台空港が甚大な被害を被ったが(写真2-1)、約一カ月後の四月一三日に開港した。ライフラインについては、電力供給は福島原発や火力発電所被害のため広く首都圏まで影響を受けた。図2-4には、東北電力管内の被災直後の電力需給を示す。需要は例年三月の一三〇〇万キロワットに対して九〇〇万キロワットまで、供給能力は震災前二一〇〇万キロワットに対し一一〇〇万キロワットまで落ち込んだ。さらに、水道断水については、五月二〇日時点で三県六・九万戸まで回復が進んだものの、主に下水処理場被災の影響が甚大であった。図2-5には、下水処理場稼働停止後三週間経過し

分類	項目	東日本大震災	調査省庁
道路・鉄道	道路損壊	3,970個所	警察庁
	橋梁損壊	71箇所	
	鉄軌道	26箇所	
空港	周辺13空港	全利用可	国土交通省
港湾	利用可能岸壁	148/373バース	
河川	堤防決壊	2,115 箇所	
海岸	堤防全壊・半壊	190km/300km	
	浸水	561km2	
ライフライン	停電延べ戸数(東電管内)	405万戸	経済産業省
	一般ガス延べ供給停止戸数	42万戸	
	水道断水戸数	6.9万戸	厚生労働省
	通信不通回線数(NTT東日本)	13,900回線	総務省
その他	山崖崩れ	187箇所	警察庁

表2-2　東日本大震災のインフラ被害概要(2011年5月20日現在)

写真2-1　津波にのみ込まれる仙台空港(毎日jp http://mainichi.jp/select/jiken/graph/20110311/56.html)

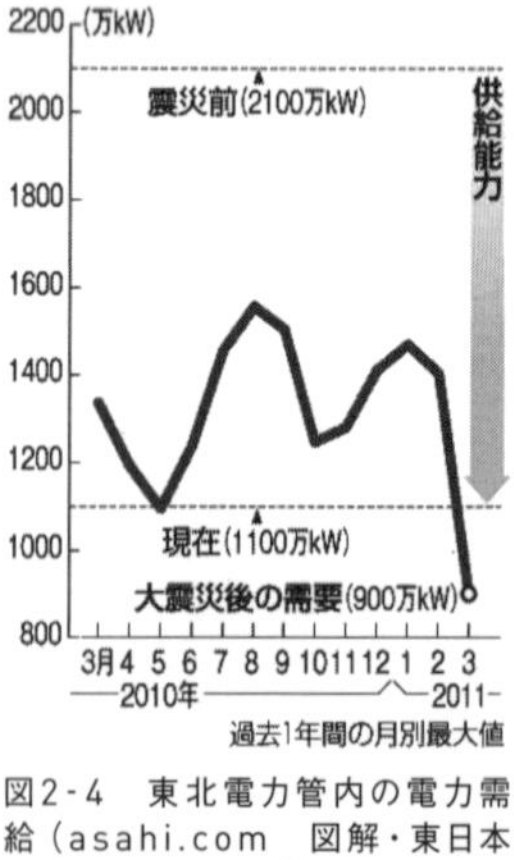

図2-4　東北電力管内の電力需給(asahi.com　図解・東日本大震災より http://www.asahi.com/photonews/gallery/infographics2/)

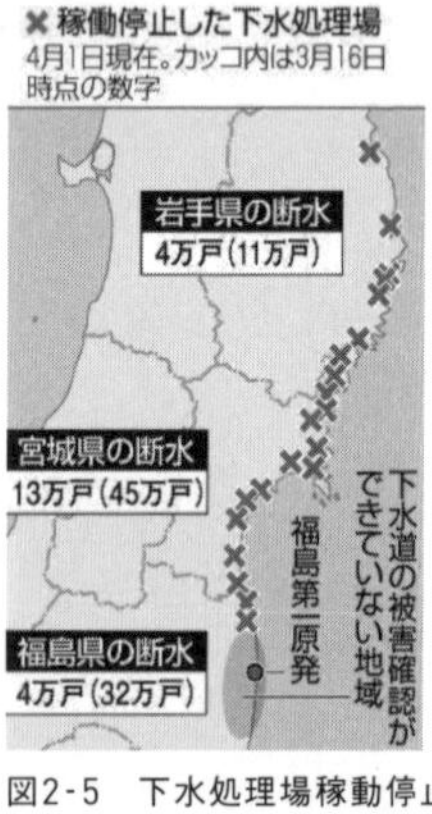

図2-5　下水処理場稼動停止による断水(asahi.com 図解・東日本大震災より http://www.asahi.com/photonews/gallery/infographics2/)

た四月一日時点での三県の断水状況を示す。被災直後は八八万戸、三週間後でも二一万戸が断水する状況であった。

上記は全体概要である。そこで、次にインフラストラクチャの代表である道路、鉄道、および海岸施設の被害について紹介する。

【2】道路・鉄道施設の被害

図2-6に、橋梁上部桁が落橋した地点を示す。道路橋の場合は、仙台以北の国道四五号線沿いを主として*3、プロットしたものである(四五号線九橋、三九八号線二橋、二五一号線一橋。側道桁落橋含む)。したがって、地方道も含めるとこれらより遥かに多い地点数となる。鉄道橋の場合は、石巻～久慈間を対象にグーグル地図航空写真より落橋箇所を特定したものである(気仙沼線七橋、大船渡線五橋、山田線五橋、北リアス線三橋)。多くは沿岸河川橋梁である。また、**図2-7**には、鉄道線路が流出した地点を示す。同様に石巻～久慈間を対象に、グーグル地図航空写真より鉄道線路が消失または変形、移動している箇所を、駅もしくは駅間一地点としてまとめ特定したものである。

これらの被害は、南三陸、本吉、気仙沼、陸前高田、釜石、山田・大槌、宮古等の地区に集中している。各図中には、これまで調査された津波浸水高さ(赤丸)と津波遡上高さ(青三角)を示すが、これらの地区では二〇～四〇メートルに達しており、被害との相関を見ることができる。鉄道の場合は、これらの地区では盛土、橋梁、トンネルの組合せであり、トンネル部は把握できないものの、橋梁、盛土区間で壊滅的被害を被っている。なお、久慈より以北の青森や北海道では津波浸水高さは急激に低下しており、これらの地域で被害が比較的軽微であったこととも対応する。

以下に典型的な被害例を示す。

写真2-2は、南三陸町清水浜での橋梁盛土部の崩壊・流出である。清水浜からの距離約三〇〇メートルに位置する気仙沼線清水浜駅、第一清水浜架道橋、桜川橋梁、および第二清水浜架道橋間の盛土部が地形変化するほどに消失している。

次に、南三陸～気仙沼間の伊里前湾に面する国道四五号線歌津バイパスの被害概要を**図2-8**

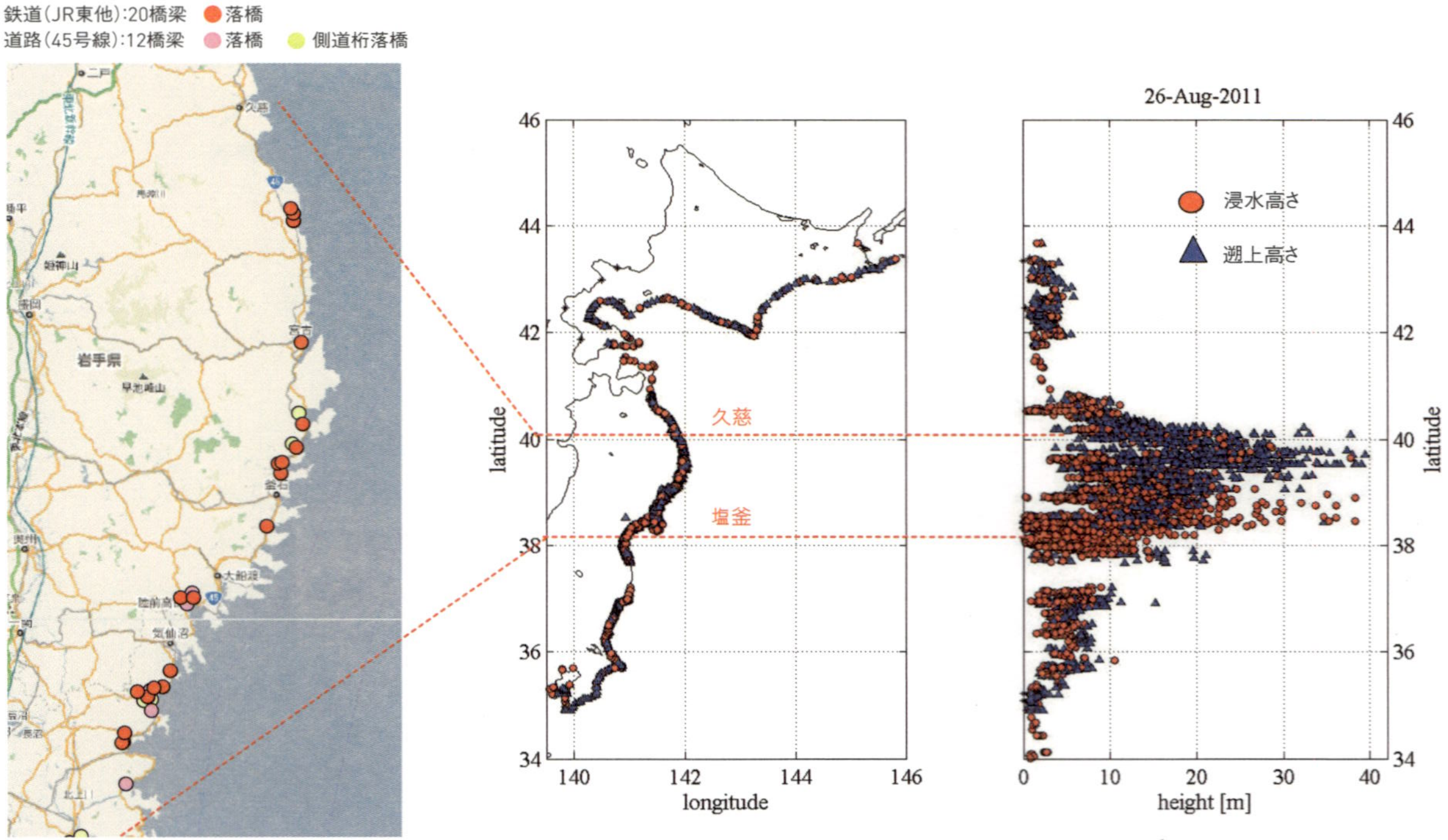

図2-6　橋梁上部桁が落橋・流出した地点と津波浸水高さ（出典：東北地方太平洋沖地震津波合同調査グループ：現地調査結果。土木学会海岸工学委員会東北地方太平洋沖地震津波情報サイト：http://www.coastal.jp/ttjt/。©2011Google-地図データ©2011ZENRIN）

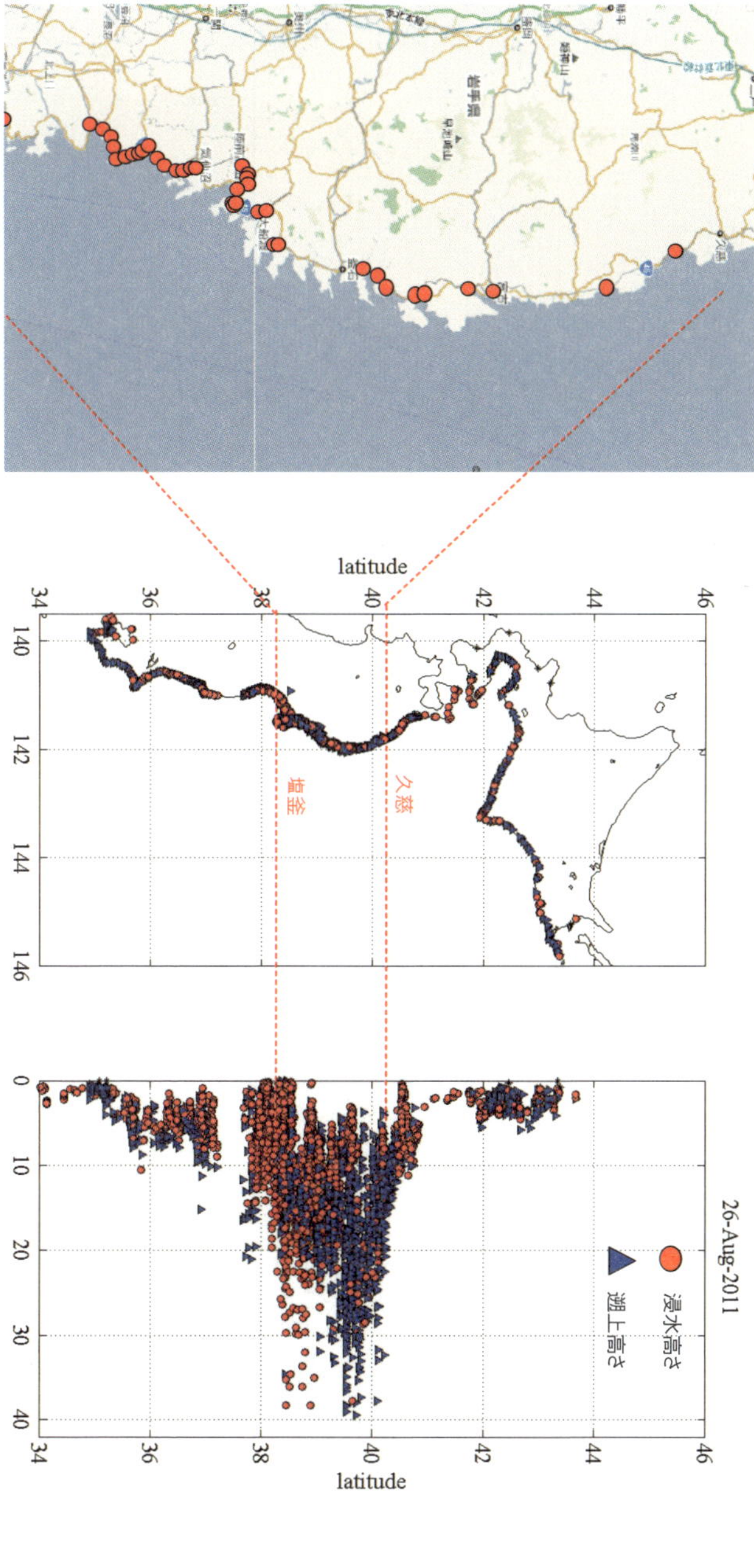

図2-7　鉄道線路が流出した地点と津波浸水高さ(©2011Google-地図データ©2011ZENRIN)

写真2-2　盛土部が崩壊流出した橋梁の被害全景（第二清水浜架道橋の山側四五号線より撮影）

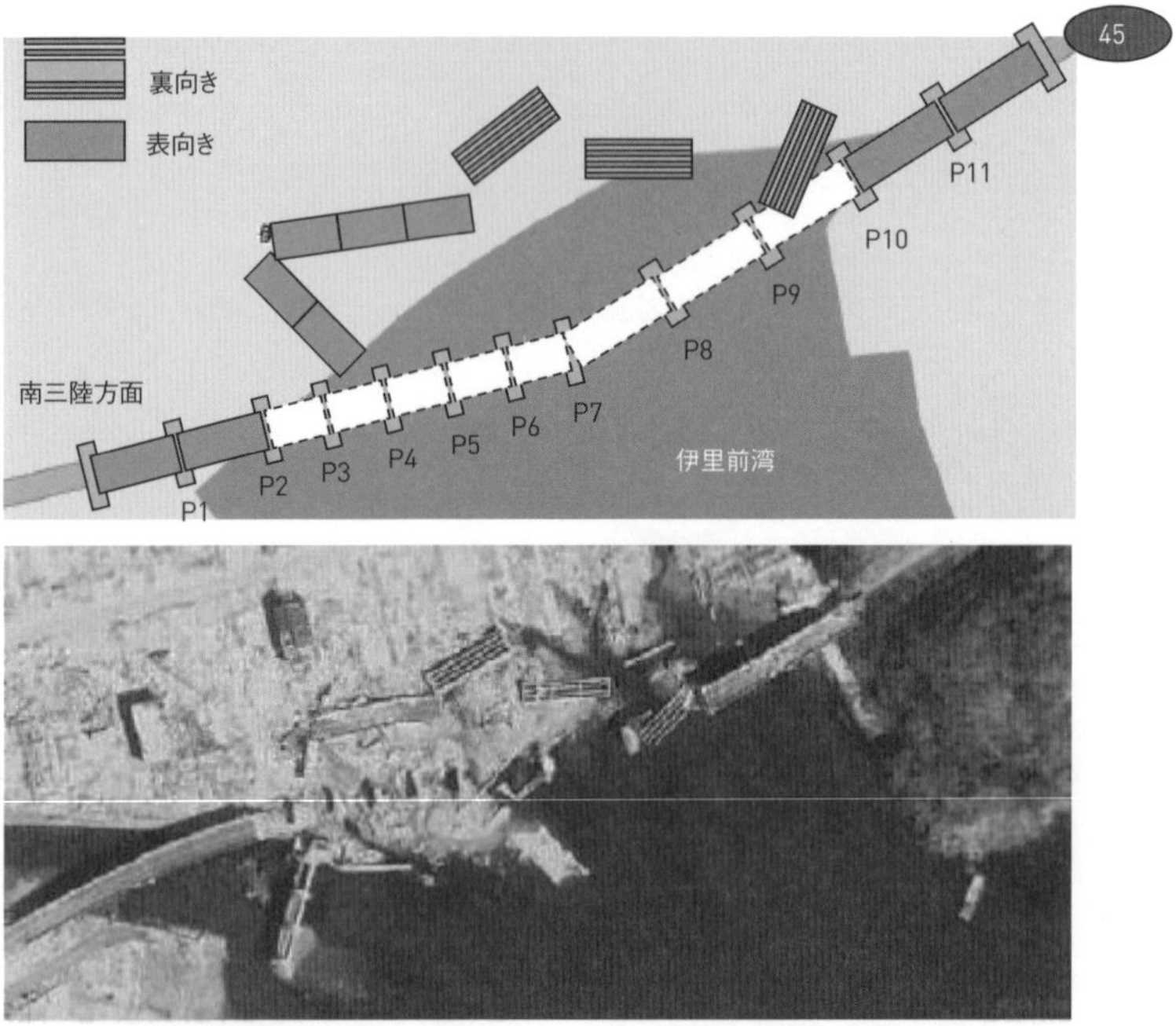

図2-8　歌津大橋の被害（Googleマップhttp://maps.google.co.jp/に加筆、©2011 Google -地図データ© 2011 ZENRIN）

写真2-3　被害全景（奥よりP2～P6橋脚）

写真2-4　P8橋脚

に、全景を**写真2-3**に示す。南三陸方面の仮称P2橋脚からP10橋脚まで、伊里前湾に架かる八スパン分のPC桁が山側に落橋した。P2〜P7橋脚間の桁は表向き、また、スパンの長いP8〜P10橋脚間の桁は裏向きで落橋した。橋梁中央部のものほど山側に流出する傾向がある。一部の橋脚被害を**写真2-4**に示すが、山側のサイドブロックが破壊されており、上部桁の山側への落橋と符合する。

【3】海岸施設の被害

図2-9に、湾口防波堤が流出、または移動した地点を示す。これは、**図2-7**と同様にグーグル地図航空写真より特定した。女川湾から宮古市田老湾まで甚大な被害を被っているが、これより以北になると被害が比較的軽微なものも現れる。

次に宮古市田老地区に着目し、被害を紹介する。というのも、一九三三年の三陸津波被害を契機に、「万里の長城」と呼ばれる長大な防潮堤が、全国に先駆けて町を取り囲むように建設されていたにもかかわらず、今回の津波により大被害を受けることになったからである。海面からの高さ一〇・四五メートル、総延長一・三五キロメートルの一期工事が一九五八年に完成し、その後一九七八年まで建設が続けられ、総延長二・五キロメートルに達する防潮堤が二重三重にも整備された。

田老地区に設置された防潮堤の配置、および被害の概要を**図2-10**に示す。今回の津波によりB部の防潮堤が全壊したため、その内側の被害は甚大である。図中最下写真からもわかるように、破壊された保護コンクリートブロックが海側に多数散乱しているが、引き波によって流出したと

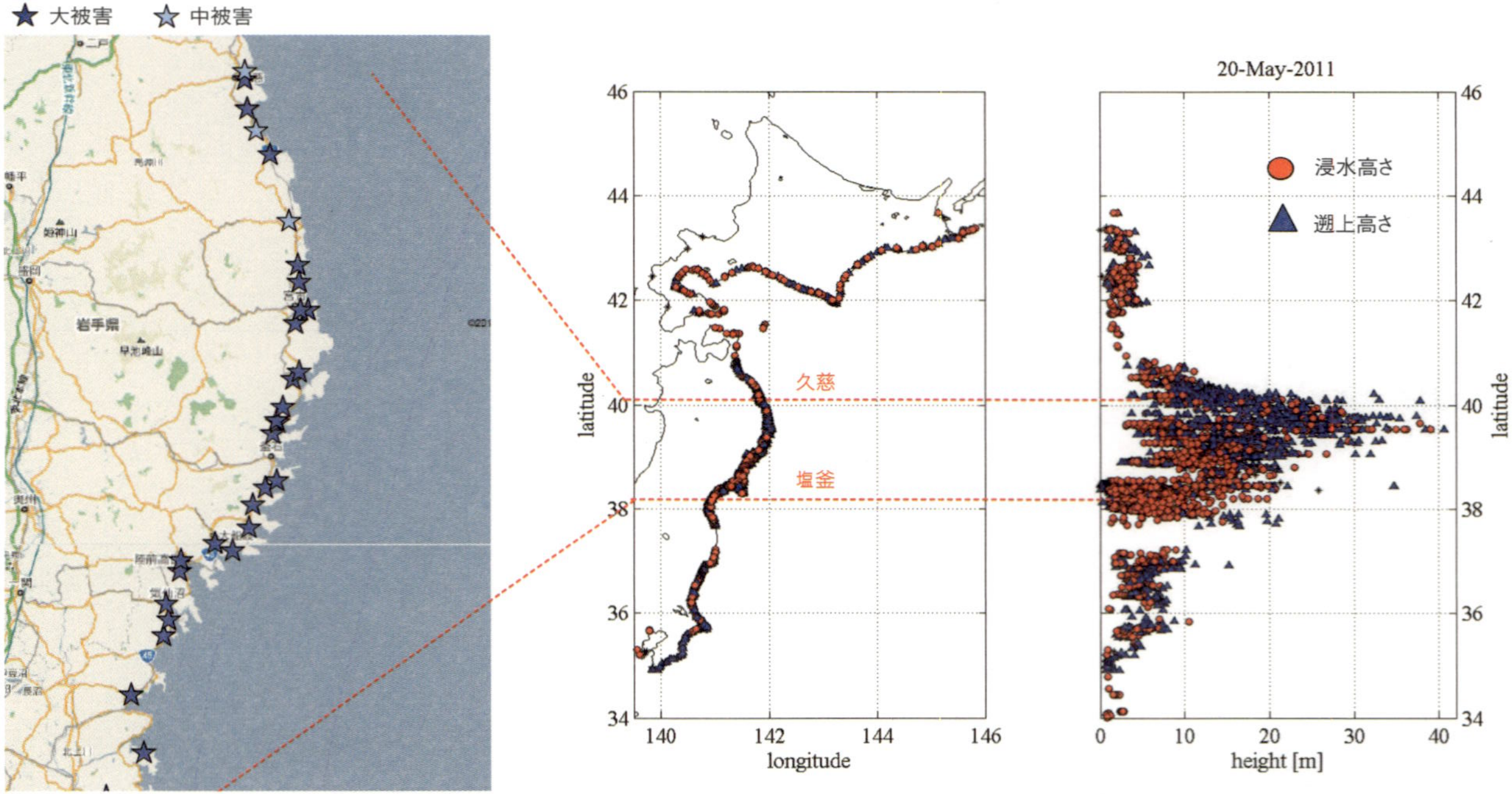

図2-9　防波堤が流出・移動した地点と津波浸水高さ（出典：東北地方太平洋沖地震津波合同調査グループ：現地調査結果、土木学会海岸工学委員会東北地方太平洋沖地震津波情報サイト：http://www.coastal.jp/ttjt/）

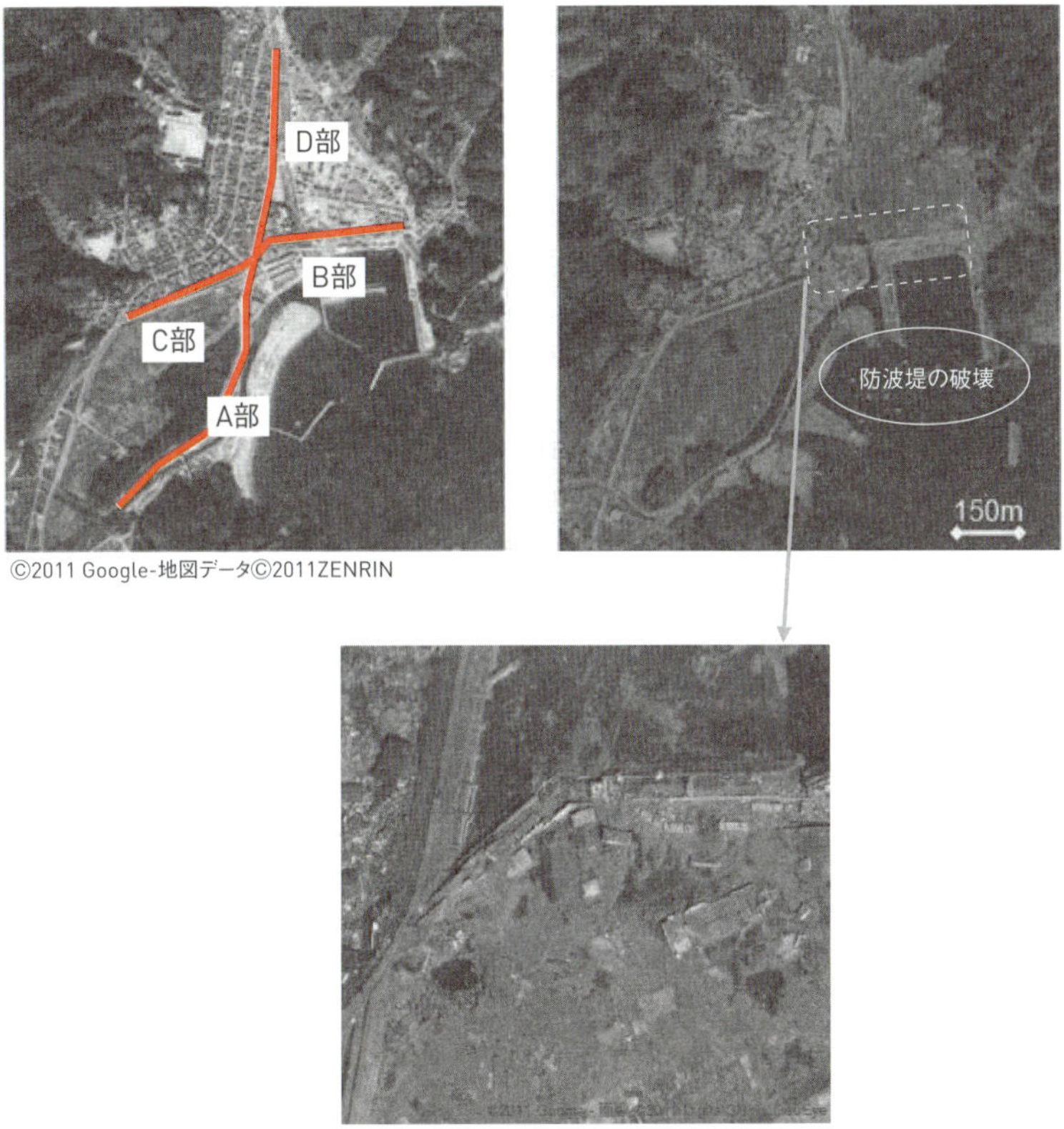

©2011 Google-地図データ©2011ZENRIN

©2011 Google-地図データ©2011ZENRIN

図2-10　田老地区防潮堤と被害の概要（Googleマップhttp://maps.google.co.jp/、http://www.pa.thr.mlit.go.jp/kamaishi/bousai/b01_02.htmlに加筆）

写真2-5　交差部から見たA部（左）とC部（右）防潮堤

写真2-6　交差部から見たB部防潮堤

思われる。津波が防潮堤を超えたためA部内側の被害も同様に甚大である。

写真2-5と**写真2-6**には、交差部から見たA部防潮堤およびB部防潮堤を示すが、その内側地区は壊滅的被害を受けている。また、**写真2-7**と**写真2-8**には、最奥のC部およびD部防潮堤の内側地区の被災の様子を示す。甚大被害であるものの生き残った建築物もあり、他と比べると被害程度はやや小さい。

写真2-9に、破壊されたD部防潮堤を示す。盛土の前後面を保護コンクリートブロックで覆い、十数メートル間隔で縦リブ控壁を設けた構造であるが、縦リブ控壁と保護コンクリートブロック

は結合されていない。生き残った縦リブ控壁の左、すなわち山側の保護コンクリートブロックはなくなっており、一方、海側のそれは前に倒れ、間にあった盛土も流出してしまっている。押し波によって山側コンクリートブロックが遥か山側に流出するとともに盛土部も破壊され、引き波によって海側コンクリートブロックが海側に前倒しにされたと予想できる。

最後に防波堤の被害に触れる。**図2-11**は、田老漁港口に設置された防波堤とその被害を示すが、航空写真から、ケーソン函体が港口に散乱しておりほぼ全壊状態にあることがわかる。**写真2-10**には、流出したケーソン函体を示す。**図2-9**に防波堤が流出・移動した地点一覧を示したが、

写真2-7　C部防潮堤の内側街区

写真2-8　D部防潮堤の内側街区

写真2-9　破壊されたD部防潮堤

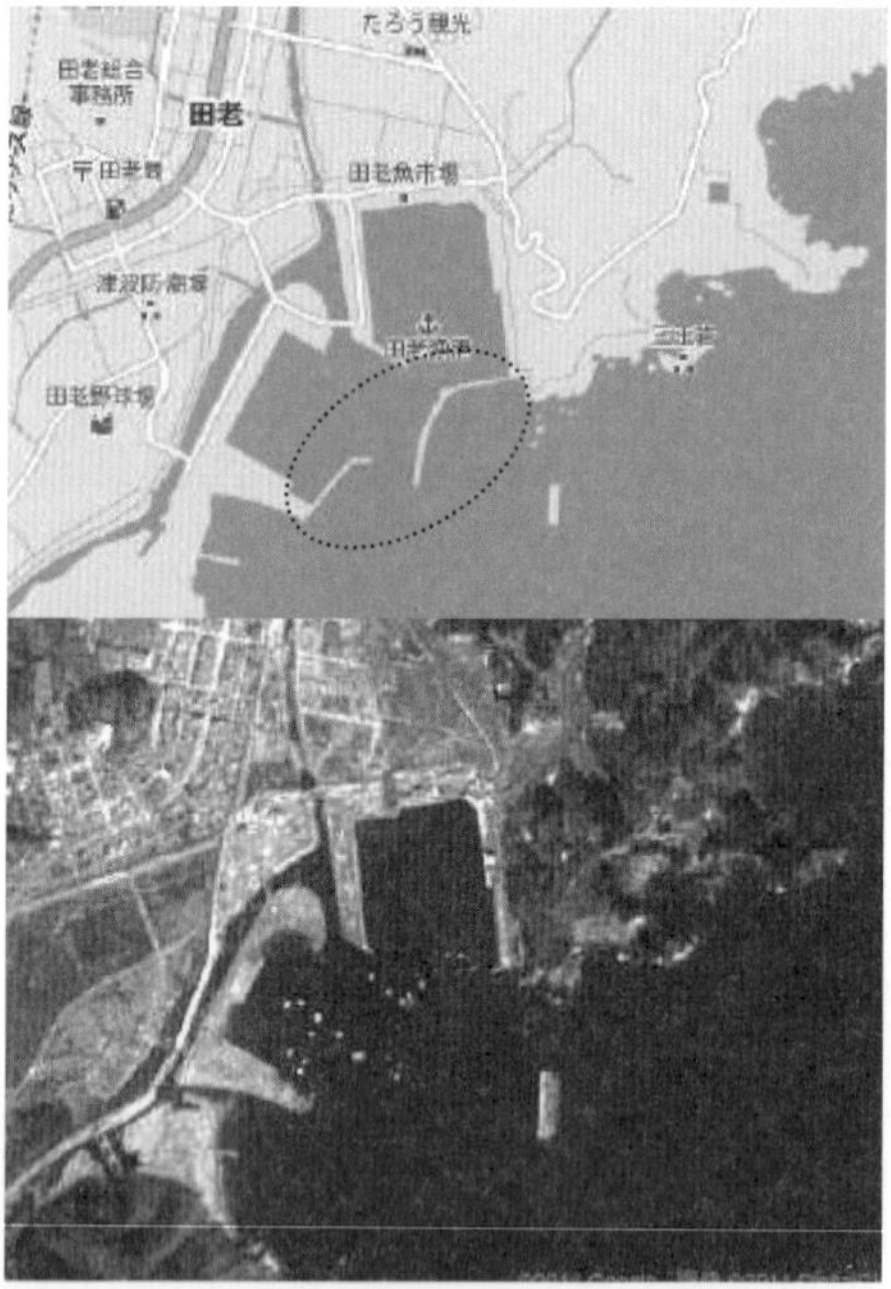

図2-11　防波堤の壊滅的破壊。©2011 Google-地図データ©2011ZENRIN（Googleマップhttp://maps.google.co.jp/に加筆）

写真2-10　流出した防波堤ケーソン

田老漁港はその中でもとりわけ大きな被害を受けた地点である。

2-2　応急復旧に向けたインフラストラクチャの役割

図2-12に、東日本大震災後二カ月までの避難所生活者の推移を、阪神大震災および中越地震

の場合と比較して示す。被災規模が北は北海道から南は関東、中部地方にまで及んでいるため、避難所生活者の数は非常に多い。被災直後は全国で四七万人、岩手・宮城・福島三県で四一万人に達したが、一〜二週間で急激に減少し、二カ月後には応急仮設住宅や国家公務員宿舎、公営住宅利用により全国で一一万五〇〇〇人、三県で九万四〇〇〇人まで減少している。しかしながら、それでも阪神大震災や中越地震を上回っている。

これらの被災者に対して食料、飲料水、生活用品、家庭用燃料の緊急支援が何にもまして重要である。国が支援した二カ月間の実績を**図2-13**に示す*1。パン、即席麺、米飯など、それぞれ数百万個に達する。この他に県単位やボランティア組織などによる物資調達もなされている。なお、上記は一例であり、この他にも仮設住宅建設に向けての資材搬入や自衛隊派遣、医療品なども必要である。

また、**図2-14**には、燃料油等の輸送実績を時系列で示す。自動車や機械等動力用の燃料供給は復旧活動のための必須条件となる。輸送方法としては、タンカーによる海路輸送と列車による陸路輸送があるが、輸送量は四万〜六万キロリットル／日に及ぶタンカーが圧倒的である。

ところで、これらの物資輸送や支援活動は、自明のことながら鉄道、道路、または空港・港湾施設を利用してなされる。**図2-15**には、仙台〜久慈間被災地への約二週間を経た三月二四日時点での交通アクセス状況を示す。図中には、沿岸部に沿って走る国道四五号線の被災状況も示されている。これらの多くの箇所では仮設橋や仮設道路により応急復旧がなされた。同様に図中には、災害対策に利用可能な港湾、空港も示した。港湾桟橋等の施設も大きな被害を受けたが、被災地への物資輸送に向け部分的に使用できるまで応急復旧がなされた。関東地方からの陸路輸送

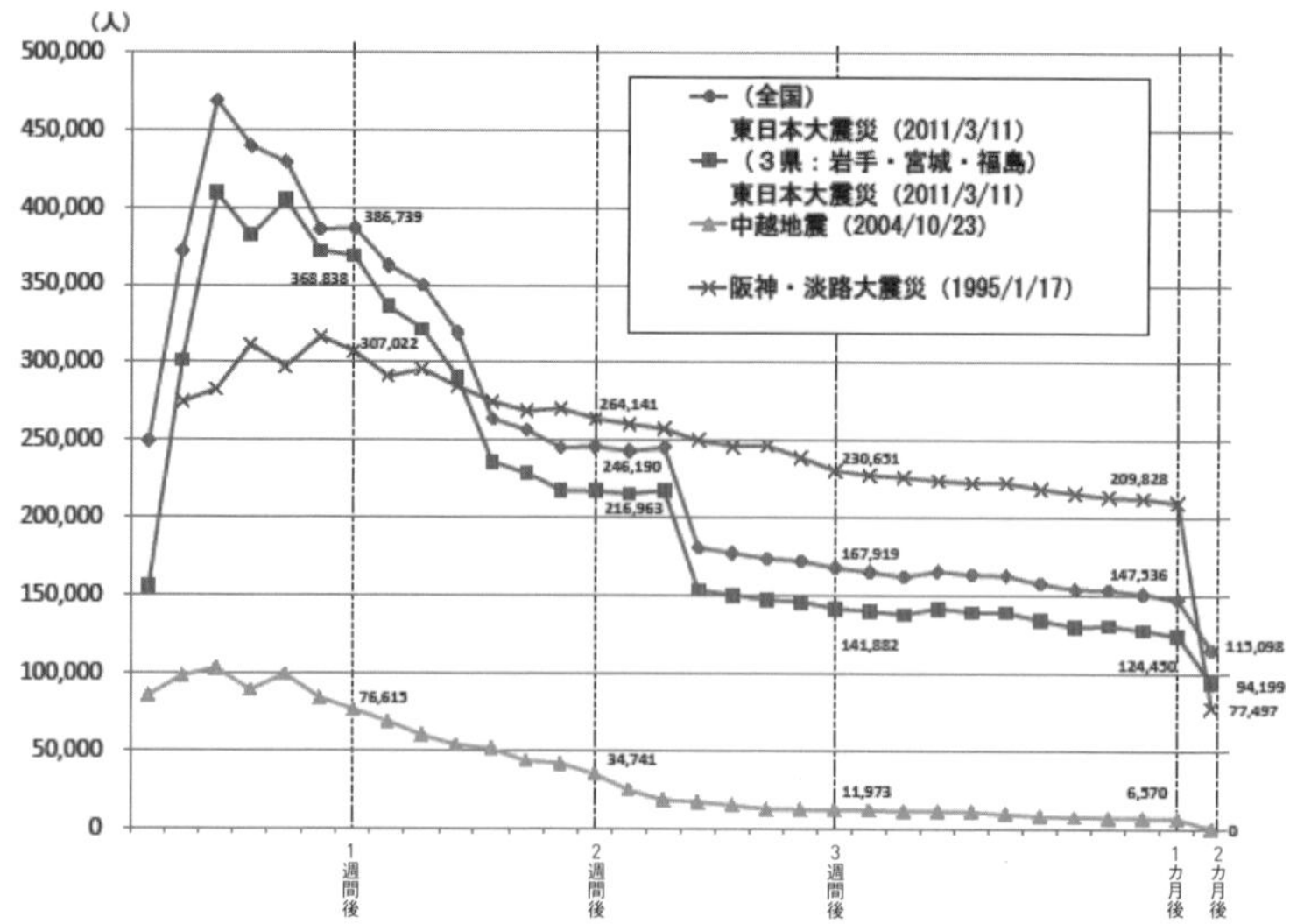

図2-12　避難所生活者数の推移。東日本大震災に関しては警察庁の発表資料等及び当チームで行った調査結果を、中越地震に関しては新潟県HPを、阪神・淡路大震災に関しては「阪神・淡路大震災 兵庫県の1年の記録」を参照。（内閣府 http://www.cao.go.jp/shien/1-hisaisha/pdf/5-hikaku.pdf）

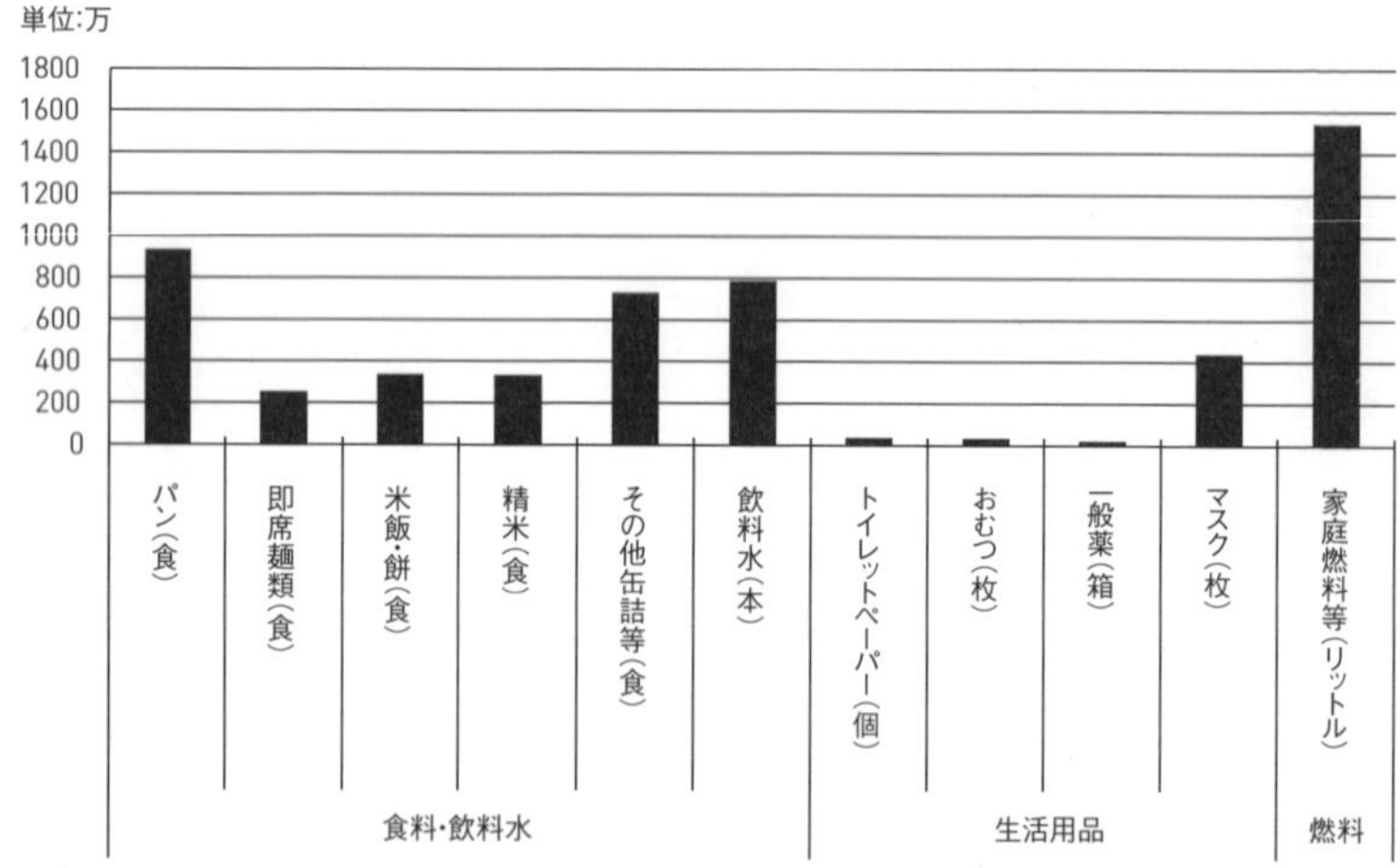

図2-13　国による緊急生活物資の供給実績（5月13日時点）

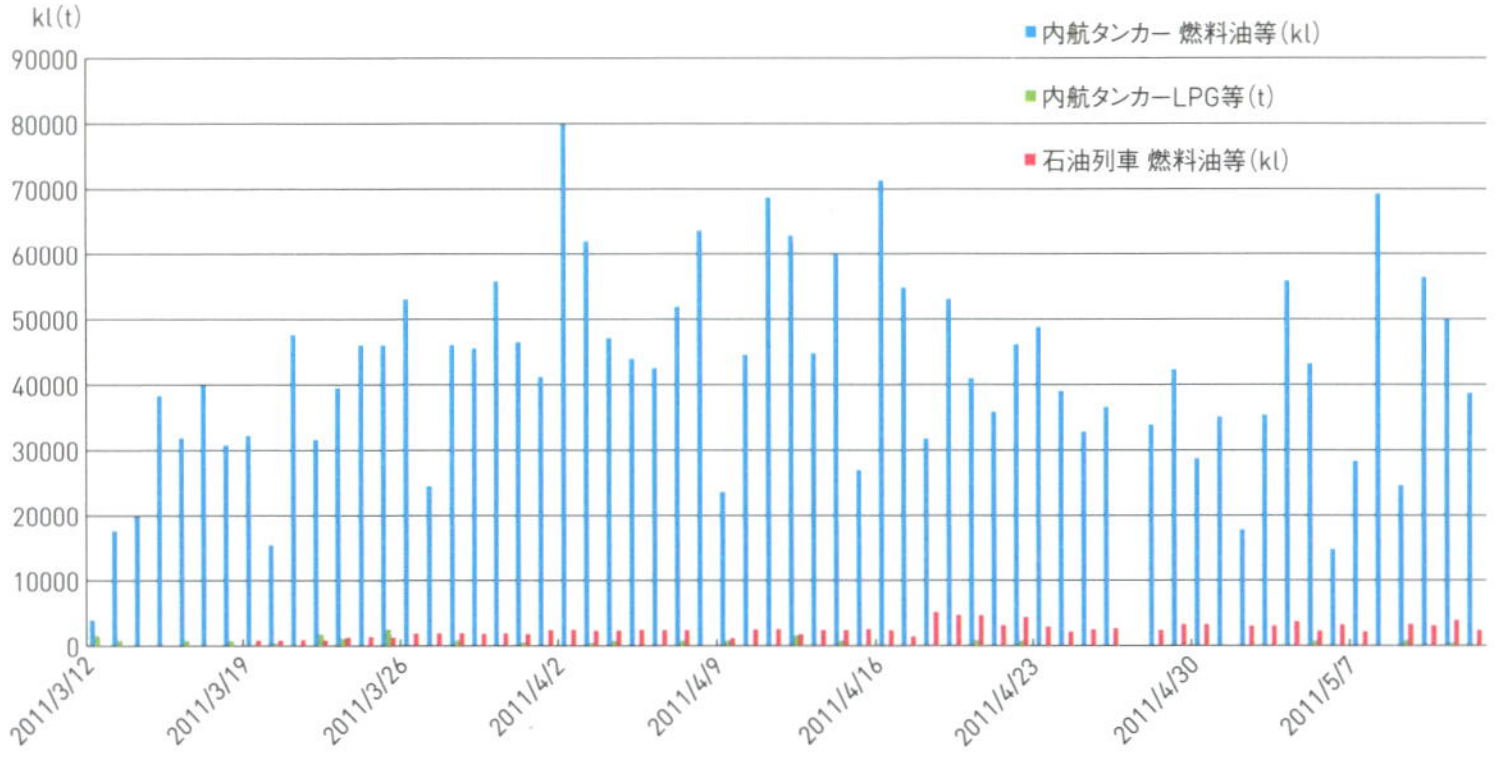

図2-14 燃料油等の時系列輸送実績(国土交通省東北地方整備局HP http://www.thr.mlit.go.jp/road/jisinkannrenjouhou_110311/dourohisaijyoukyou.pdfに加筆)

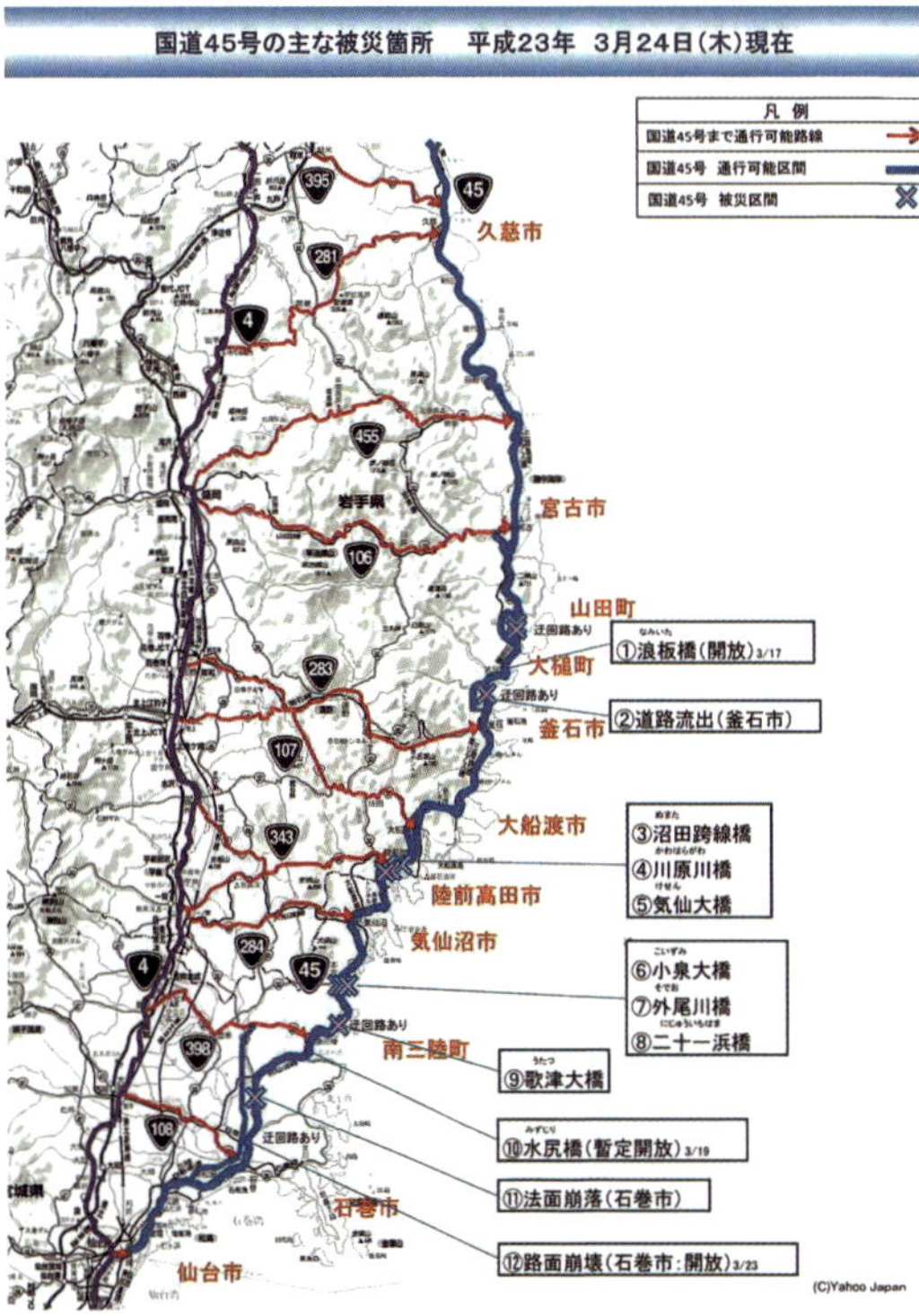

図2-15 復旧に向けた被災地へのアクセス(国土交通省東北地方整備局HP http://www.thr.mlit.go.jp/road/jisinkannrenjouhou_110311/dourohisaijyoukyou.pdfに加筆)

の場合には、東北自動車道や国道四号線からくしの歯状に伸びる一般道を利用して、あるいは空港や日本海側の鉄道を経由した後、上記の道路を利用して被災地まで物資輸送がなされた。海路輸送の場合は、応急復旧された港湾まで船で輸送し、その後トラック等で被災地まで物資輸送がなされた。このように、鉄道、道路、空港、港湾などのインフラストラクチャは被災地の復旧に向け、大切な役割を担うことになった。

2-3 阪神大震災における道路・鉄道施設の機能被害

【1】高速道路*4

最初に、一九九五年阪神大震災における阪神高速道路の全復旧期間にわたる輸送機能の回復過程を概観する。当時、阪神高速道路の供用延長は二〇〇キロメートルに及び、阪神地域の重要幹線として機能してきたが、特に大阪と神戸を結ぶ三号神戸線および五号湾岸線の兵庫県域で甚大な被害を受けた。震災直後は全線通行止めとされたが、被害の少ない大阪地区の路線を皮切りに順次交通開放がなされた。それでも被害の大きかった三号神戸線を中心に再構築工事が進められ、震災後一年八カ月を経た一九九六年九月三〇日に全線が復旧、開通されるに至った。これに伴い、一日平均交通量も、震災前九一万台(東線：六四万台、西線：二三万台、南線：四万台)であったものが、地震発生直後の一九九五年二月には約五六万台(東線：四九万台、西線：三万台、南線：四万台)と約四〇%の減少となった。その後、交通開放延長の増加とともに一九九六年三月には約七九万台(東線：六三万台、西線：一一万台、南線：五万台)と約八五％まで回復し、全線復旧後の一九九六年一一月には約九四万台(東線：六五万台、西線：二四万台、南線：五万台)となり、震災前の水準にまで回復した。なお、ここに、東線、西線、南線とは各料金圏を示し、東線は大阪市域を中心とする一号環状線と一一号池田線等の放射路線を、南線は大阪府南部の四号湾岸線を、そして被害の大きかった西線は主に兵庫県域の三号神戸線および五号湾岸線で構成される。

震災前および震災後復旧期間にわたる阪神高速道路の交通開放延長と利用交通量の推移を**図2-16**に示す。帯グラフで示す各路線の利用交通量推移を見ると、東線は震災前六四万台／日に対し五カ月を経た一九九五年六月には六〇万台／日まで、また南線も二～三カ月で回復している。一方、被害の大きかった西線は震災前二三万台／日に対し、一年九カ月を経た一九九六年一〇月にようやく元の交通量まで回復した。

実線で示す阪神高速道路全体としての利用交通量に着目すると、震災直後約三〇％に低下するが二～三カ月後に約七〇％に、半年後に約八〇％に、一年半後に約九〇％、そして一年八カ月を経てようやく元の交通量に回復している。図中には交通開放延長を示すが、二～三カ月後に約八〇％に、半年後に約八五％に、一年半後に約九〇％、そして一年八カ月後に一〇〇％と概ね利用交通量と対応した推移を示している。この間の復旧に関わる費用を**表2-3**に示す。一九九四年度(平成六年度)事業費として、神戸線三〇〇億円、

事業所名		平成6年度	平成7年度	合計
兵庫	神戸線	300	2,038	2,338
	その他	200	0	200
大阪		100	0	100
計		600	2,038	2,638

表2-3　阪神高速道路の災害復旧事業費(単位：億円)

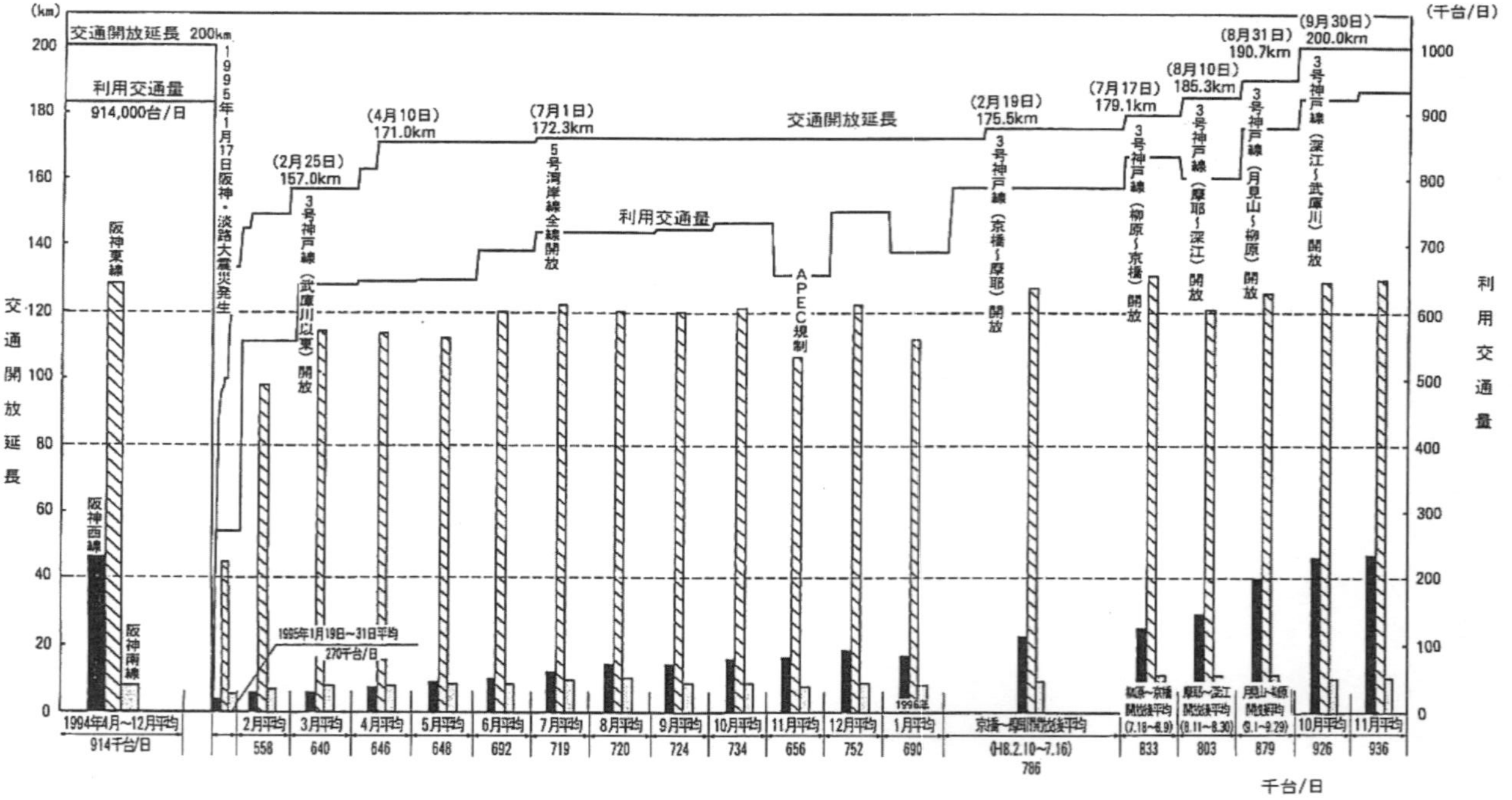

図2-16　阪神高速道路の交通開放延長と利用交通量の推移

その他兵庫地区二〇〇億円、大阪地区一〇〇億円、一九九五年度(平成七年度)事業費として神戸線二〇三八億円、総計二六三八億円が執行された。なお、これらの事業費は、概ね一九九四年度分が応急復旧工事に、一九九五年度分が本復旧工事に相当する。

復旧に関わる直接費用だけでなく、利用不可による社会的損失も膨大なものとなることが予想される。そこで、試みに社会的損失費用を算定してみる。阪神間の旅行時間を考えてみると、震災前後の旅行時間は、被災中心の神戸市役所から大阪市役所まで、震災前は三三分、震災一年後は二時間となった。平均旅行速度も五〇~六〇キロメートル/時から一六~一七キロメートル/時と大幅に低下したと報告されている。今、利用は乗用車とし、この状態が一年八カ月続いたとして、西線の二三万台/日を対象に国土交通省発行の費用便益分析マニュアル*5によって走行時間増大費用および走行経費増大費用を算出すると、各々七九一五億円および七三六億円、合計八六五一億円となる。高速道路を利用しない車を考慮すると、この数字はさらに増大する。また、この社会的損失は復旧期間に比例して増大する。

【2】鉄道*6

一九九五年の阪神大震災における鉄道各社の全復旧期間にわたる輸送機能の回復過程を概観する。震災直後の鉄道不通区間は六四〇キロメートルに及んだが、二日後には約半分が復旧した。しかしながら、大阪~神戸間を中心にJR東海道線や山陽新幹線、民間鉄道の全面開通には、さらに数カ月を要することになった。

事業所名	線名	区間	開通日時
JR西日本	山陽新幹線新	大阪～姫路	4月8日
	東海道線	住吉～灘	4月1日
	山陽線	兵庫～和田岬	2月15日
JR東海	東海道新幹線	京都～新大阪	1月20日
JR貨物	東海道線	東灘～神戸港	4月1日
阪急電鉄	神戸線	西宮北口～夙川	6月12日
阪神電気鉄道	本線	御影～西灘	6月26日
神戸市交通局	山手線	新長田～新神戸	2月16日
神戸新交通	ポートアイランド線	北埠頭～中公園	6月5日
神戸電鉄	有馬線	湊川～長田	6月22日
神戸高速鉄道	東西線	高速長田～新開地	8月13日
山陽電気鉄道	本線	西代～板宿	6月18日

表2-4　事業者別・線別の開通区間および開通日時

会社名	復旧費用	減収額	計
JR西日本	1,020	520	1,540
JR東海	50	350	400
JR貨物	17	104	121
阪急	440	21	459
阪神電鉄	457	17	474
山陽電鉄	54	20	74
神鉄	87	18	105
神戸高速	140	35	175
北急	3	0	3
北神急行	4	*	4
大阪市交	20	4	24
神戸市交	42	12	54
神戸新交通	34	31	65
六甲摩耶	4	1	5
神戸都市公社	6	1	7
計	2,645	1,134	3,779

表2-5　鉄道各社の被害額

ＪＲ西日本東海道線は、四月一日に全線で運転再開、山陽新幹線はほぼ同時期の四月八日に開通、阪急神戸線や阪神電鉄本線も六月中に全開通し、大阪～神戸間の鉄道は震災後五カ月を経てほぼ震災前の状態に戻った。これらを含め、開通まで特に時間を要した線別の開通日時を**表2-4**に示す。

阪神間の大量輸送機能を果たすＪＲ西日本東海道線、阪急神戸線、阪神電鉄本線の輸送量は一日約四五万人であるが、震災ですべて不通になり、輸送機能は完全に麻痺した。このため、震災直後から両都市間の輸送確保が必須の課題となり、他の鉄道やバスによる代替輸送が検討・実施された。特に、ＪＲ西日本、阪急、阪神電鉄が実施した阪神間の代替バスは累計で一四五三万人を輸送し、震災復旧、市民生活に大きな役割を果たした。

次に、震災による被害額について考える。運輸収入減少と復旧に要した被害額を鉄道各社についてまとめたものを**表2-5**に示す。全般的に、被災による減収に比べ、復旧費用が大きい。ＪＲ西日本とＪＲ東海は新幹線の運休による影響が大きく、特にＪＲ東海は、自社の運休はほとんどなかったにもかかわらず、山陽新幹線の運休による収入減が大きい。神戸新交通については、減収額に比べ復旧費用が小さいが、これはインフラ部分が公共所有のため復旧費が計上されていないためであり、これらは二六七億円に達する。これら各社分を総計すると、復旧費用は二六四五億円（二六七億円含む）、減収額は一一三四億円、合計三七七九億円になる。これらは鉄道事業社の直接被害額であるが、利用者の時間増大費用など社会的損失費用は復旧期間とともに膨大な額に達することが予想される。

写真2-11　新幹線車両の脱線（新潟県中越地震）

最後に、新潟県中越地震における新幹線車両の脱線事故を**写真2-11**に示す。構造物の復旧期間を大きく左右するものではないとしても、車両の走行安全性は人命と大きく関わるものであり、構造物を含めた鉄道施設の地震時性能を考える上で今後の課題に挙げられる。

参考文献
＊1　緊急災害対策本部（首相官邸）「平成二三年（二〇一一年）東北地方太平洋沖地震（東日本大震災）について」、平成二三年五月二〇日（一七時）、www.kantei.go.jp/saigai/pdf/201105201700jisin.pdf
＊2　朝日新聞二〇一一年四月四日朝刊
＊3　国土技術政策総合研究所、（独）土木研究所「東北地方太平洋沖地震による橋梁の被災調査概要報告」、調査日：平成二三年三月一二日～三月一八日、http://www.pwri.go.jp/caesar/event/pdf/110312kyouryou.pdf
＊4　阪神高速道路公団「大震災を乗り越えて――震災復旧工事誌」、一九九七年九月
＊5　国土交通省道路局、都市・地域整備局「費用便益分析マニュアル」、二〇〇三年八月
＊6　運輸省鉄道局監修　阪神・淡路大震災鉄道復興記録編纂委員会編「よみがえる鉄路」、一九九六年三月

第3章

シビルエンジニアの仕事

シビルエンジニアの仕事内容に入る前に、国づくり・都市づくりに関わる国、地方自治体、事業者そして民間などのそれぞれの役割分担について考える必要がある。また、各組織・機関内での仕事は立場によっても変わる。そこで、3-1節では国づくり・都市づくりに関わる各組織・機関の協働と分担を、3-2節では職位と役割について考える。その後、3-3節以降で職種によって異なるシビルエンジニアの仕事を紹介する*1。

3-1 協働と分担

国づくり・都市づくりのプロセスは、計画、設計、工事、維持管理(運営含む)の概ね四段階に区分できる。これらには、**図3-1**に示すように多くの機関や組織が関係し、協働することで成立している。

計画段階では、事業構想、企画・事業評価、および実施計画を国や自治体・事業者が主体で行う。調査は、国、自治体、事業者が具体作業をコンサルタント等に発注してこれを行う。なお、国等の研究機関や民間が行った研究開発成果は、この段階で取り込む。設計段階では、地元・関係機関の調整、用地交渉、設計仕様作成までを国、自治体、事業者が行い、構造計画・技術提案はコンサルタントやゼネコン、メーカーなど民間が主体となって行う。概略設計、詳細設計、積算の具体作業は、国、自治体、事業者がコンサルタント等民間に委託発注する。住民合意形成は国、

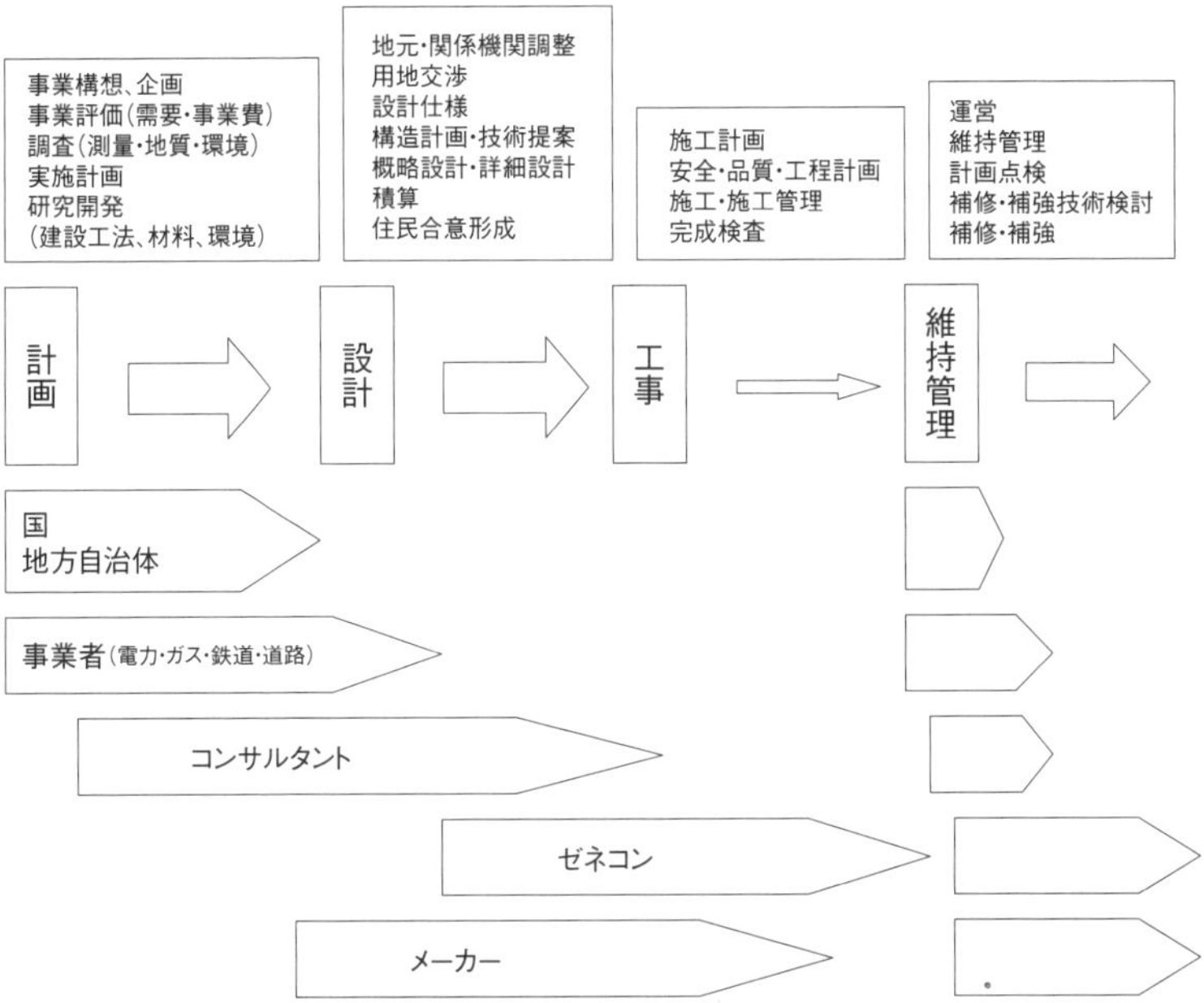

図3-1 国づくり・都市づくりにおける機関・組織の関わり

自治体、事業者が主体となって行うが、近年は分析・調査・資料作成などをコンサルタントに委託発注するケースが増えている。工事段階では、国、自治体、事業者の監理のもと、ゼネコンやメーカーが主体となって施工計画、安全・品質・工程計画、施工および施工管理を行う。維持管理段階では、国、自治体、事業者は、運営は勿論、長期的マネジメントに立ち維持管理計画を策定する。点検および技術検討を含めた補修・補強の具体作業は、民間に委託する。

3-2 職位と役割

職位と役割の大要は、業種間で大差はない。異なるのは扱う対象と名称だけである。したがって、最初にこれを示し、その後各職種の

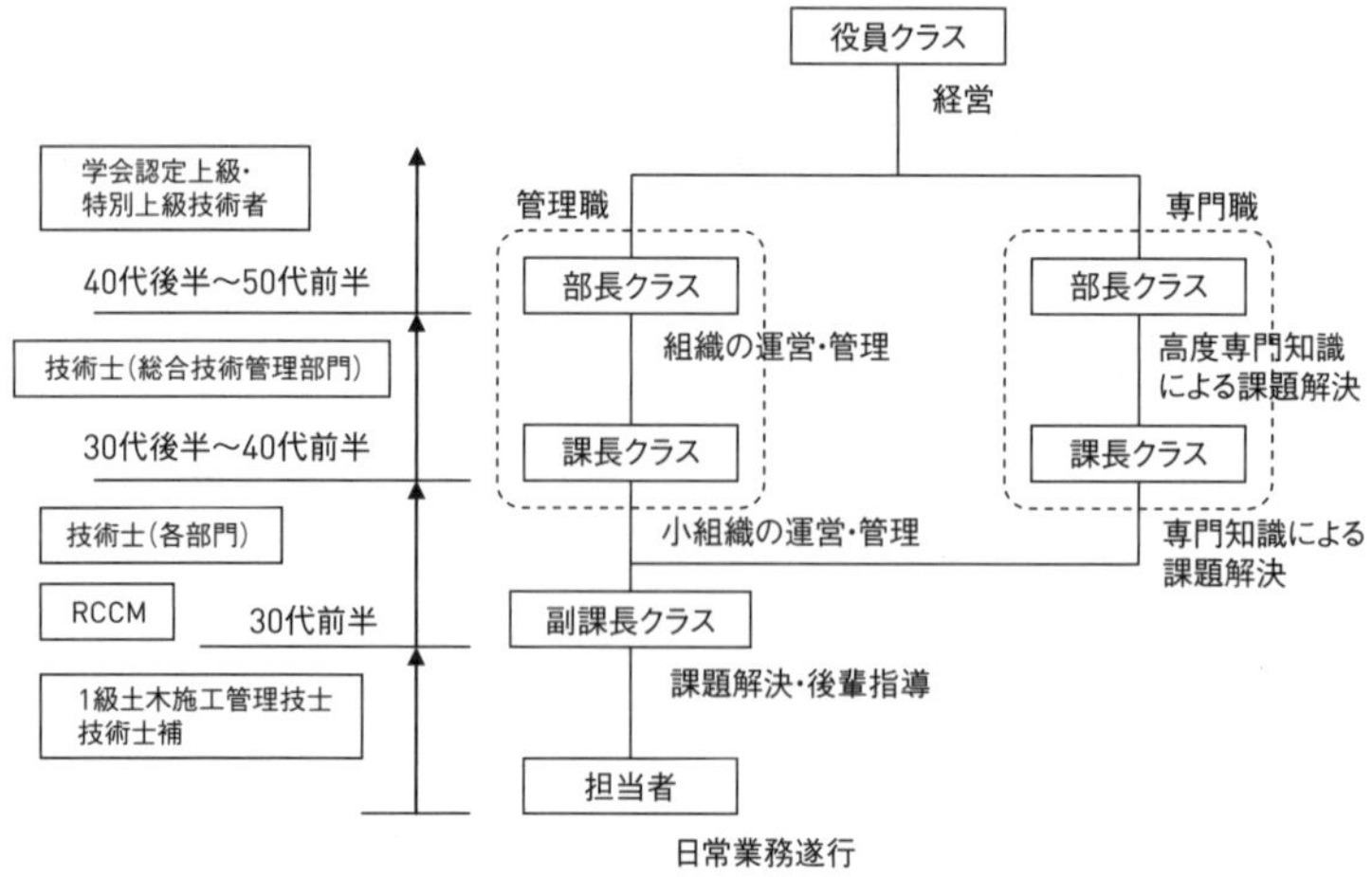

図3-2　職位と役割

仕事について考えることにする。**図3-2**に、典型的な職位と役割を昇進年齢とともに示す。中央部はラインの流れである。四〇歳前後からは管理職または専門職としての課長、部長クラスに分かれる。ラインの課長は、小組織の運営・管理、そして部長はより大きな組織の運営・管理を任される。これに対して、専門職としての課長、部長クラスは基本的には部下を持たず、専門知識もしくは高度な専門知識を活かして課題解決を行う。五〇代を超えて管理能力、経営能力の高い人は役員（公務員の場合には局長クラス）に昇進して全体の経営を担う。入省、入社した後、当面はラインに属して日常業務を担当し、副課長クラスになると自力で課題解決、後輩指導に当たる。

図中左には、各年代に応じた取得すべき代表的な資格も示した。一般に、発注者から要求されるため、コンサルタント、建設会社等に勤めるエンジニアが取得すべき資格である。このうち、一級土木施工管理技士は建設会社、RCCM（Registered Civil Engineering Consulting Manager：（社）建設コンサルタント協会が設ける資格）はコンサルタントに求められる。技術士はコンサルタント、建設会社に共通して求められるが、

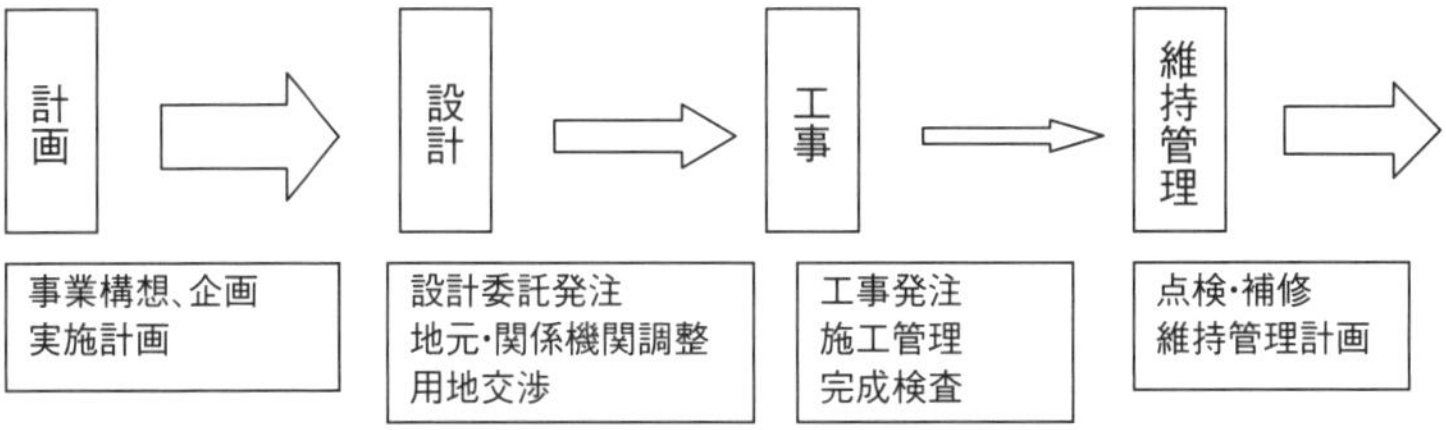

図3-3 国土交通省の仕事

国家資格でもあり全業種にわたって重要である。土木学会認定上級・特別上級技術者資格はすべてのシビルエンジニアが所属する学会の資格でもあり、特に四〇代後半から取得の意味は大きい。

3-3 公務員の仕事

国土交通省の組織は、本省、地方整備局本局、同事務所、国土技術政策総合研究所などからなる。国土交通省は社会基盤施設の整備・管理に関する企画・立案、技術基準の策定、および具体的な事業の計画・調査、施工および維持管理を行う。すなわち、具体の整備は地方整備局の本局や事務所で行われるが、本省では地方整備局の事業を通して蓄積された知見をもとに、普遍的、総合的な政策を策定する。

地方公務員の仕事は、規模の違いこそあれ国土交通省の場合とほぼ同様である。地方自治体の社会基盤整備事業に関わる企画・立案、計画・調査、施工および維持管理を行う。

地方自治体の場合も概ね同様であるが、国土交通省を例に国家公務員の各段階での仕事を図3-3に示す。この中で、矢印の太さは作業量を示す。本省・本局で

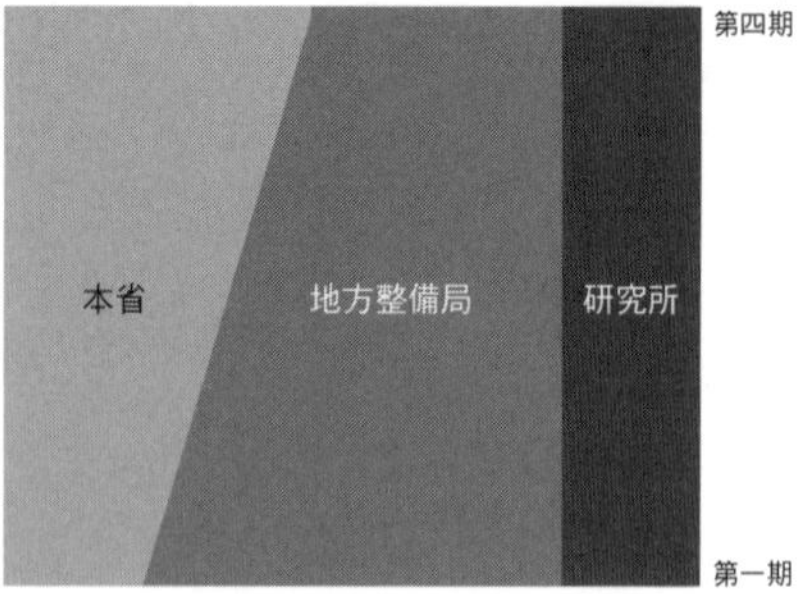

図3-4　国土交通省における配属先

は基本計画を、詳細計画から維持管理までの具体は地方整備局や事務所が担当する。地方整備局や事務所は、全体的には設計段階から供用開始後の維持管理段階での関わりが大きい。設計段階では、事業実施に伴う地元・関係機関との交渉を主体的に行うが、調査や設計業務はコンサルタントに委託し監理する。工事段階では入札・契約・発注作業と工事開始後の施工監理および完成検査を行う。運営・管理の主体であるので維持管理段階では維持管理計画を作成するが、具体の点検・補修作業や工事は民間に発注する。

国土交通省の配属先構成を図3-4に示す。国土交通省には国土技術総合政策研究所があり、社会基盤の整備・管理に関する政策を研究・調査面から支援しているが、以下では多数が配属される本省および地方整備局について紹介する。

仕事の内容は、年代に応じて大きくは四期に分かれる。

①　第一期（入省～三〇歳前後）

地方整備局および事務所における社会基盤施設の計画・設計・工事・維持管理に関わる現場での仕事、または本省における政策の企画立案や国会への対応を、先輩・上司の指導を受けながら行う。この経験を通し、国土交通省の役割や仕事のパートナーとしての建設会社やコンサルタントとの関わりを学ぶ。これらの段階で、コミュニケーション能力の向上、民間との役割分担や国民のニーズへの認識を深める。

② **第二期（〜四〇歳前後）**

地方整備局および事務所における社会基盤施設の計画・設計・工事・維持管理に関わる現場での仕事、または本省における政策の企画立案や国会への対応を、グループのリーダーとして行う。この時期には専門分野における技術的能力を高め、その能力をベースに関係者との意見調整を行う。同時に、部下を指導し、その技術的能力の向上を支援することが望まれる。海外留学あるいは海外勤務の機会もある。

③ **第三期（〜五〇歳前後）**

地方整備局事務所長の立場で、社会基盤施設の計画・設計・工事・維持管理に関わる現場の責任者としての仕事、または本省において政策の企画立案に関し、関係者との意見調整とともに取りまとめを行う。この時代には、折々の社会情勢の中で自分の専門分野の置かれている立場を理解し、関連する技術を把握して技術をコーディネートする能力、および将来指導的役割を果たせる技術者を養成する能力が求められる。また、技術士など技術力をベースにした問題解決能力を証明する資格取得が望まれる。

④ **第四期（五〇歳前後〜）**

本省や地方整備局が管轄する社会基盤施設の計画・設計・工事・維持管理全体について、組織全体の統括者として、基本方針を示すとともに、重要事項については自ら指揮して社会ニーズに的確に対応すべく仕事を行う。組織全体を統括できる能力が期待される。

［余話］Ｉさんのこと

旧運輸省第二港湾建設局（国土交通省関東地方整備局港湾空港部）次長から旧運輸省第三港湾建設局（国土交通省近畿地方整備局港湾空港部）局長に赴任され、まもなく阪神淡路大震災を経験。港湾施設の復旧に尽力された。その後民間建設会社に移動され、港湾空港整備工事の受注担当重役に。工学博士の学位を取得されており、羽田第四滑走路工事受注に際しても営業の立場だけでなく自ら空港桟橋の新構造形式に関し種々の技術アイデアをお持ちになっていた。運輸官僚や民間重役の立場に甘んじることなく、技術にも高い知見を持っておられた方で、このような公務員は段々に少なくなってきている。

3-4　事業者の仕事

事業者には、電力・通信・ガス事業者、道路・鉄道事業者などがある。扱う対象や役職名称は異なるものの事業者としての性格は基本的に同様である。このうち、鉄道事業者は、鉄道という社会基盤の整備事業に関わる計画・調査、施工および管理を行うが、近年は特に民間としての活力や経営力を持つ事業者でもあるので、代表として紹介する。

鉄道事業者の職員は、列車運行を直接的に担う現場職員に加え、営業・総務・財務等を担当する事務系職員と各種技術者（土木、建築、電気、機械）から構成され、組織的に列車の安全運行を確保して

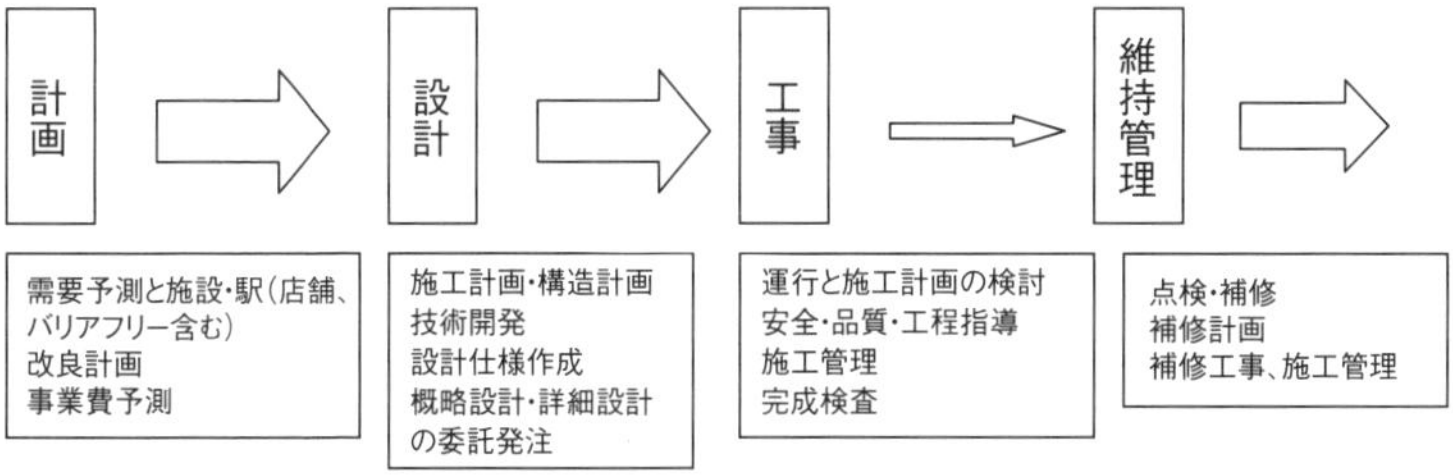

図3-5　鉄道事業者の仕事

いる。全職員に対するシビルエンジニアの割合は、事業者によっても異なるが、ＪＲ旅客六社平均で一〇％程度となっている。

鉄道事業者の仕事を図3-5に示す。鉄道会社におけるシビルエンジニアは、計画・設計・工事・維持管理のすべてのフィールドで活躍しているが、中でも計画、設計段階というプロジェクトの上流段階での関与が大きい。計画・設計される構造物等は基本的に自社保有であり、維持管理が必要となる。維持管理に関わる情報も計画・設計にフィードバックすることが可能、という点に大きな特徴がある。なお近年は、ホテルや商業開発など鉄道インフラを利用した事業にも積極的に取り組んでいる。

次に、シビルエンジニアが一般に配属される組織の例を図3-6に示す。入社後五～一〇年までは支社、工事事務所で鉄道施設の建設・維持管理の仕事を行う。一〇年目以降は調査企画部門、管理部門、研究技術開発部門などの中から、本人の適性と希望を勘案しつつ将来分野を見極めて支社経営スタッフ、本社経営スタッフや高度エンジニアとして配属される。

以下、年代に応じた仕事の内容詳細を示す。

① 第一期（入社～三〇歳前後）

支社、工事事務所で鉄道施設（土木構造物、線路設備）の工事・維持管理を行う。採用直後は現場配属となり、その後、設計または工事を担当する部署に異動して

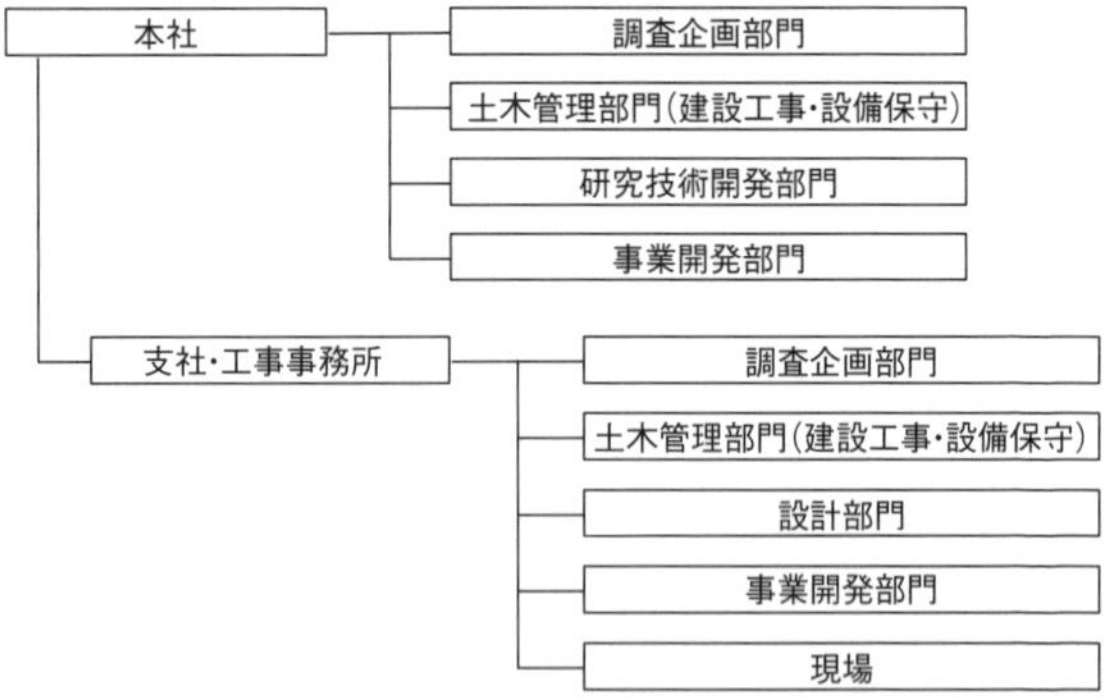

図3-6　鉄道事業者の組織例（H21年度土木学会会長重点活動特別委員会：これからの社会を担う土木技術者に向けて、H22年5月）

構造物の設計や工事発注を先輩の指導の下に行う。この段階では、仕事に問題意識を持ち、論理的に思考する能力を養いながら、独り立ちできることを目指す。取り組んだ工事実績や技術的課題を取りまとめて、学会等で発表するなど技術の研鑽にも努める。この時期に取得すべき資格は技術士補、技術士（建設部門）、一級土木施工管理技士、コンクリート技士などであり、コンサルタントや建設会社が取得すべき資格を取得し、同等以上の技術力を身につける必要がある。工事発注のためには技術理解と判断力が求められるからである。

② 第二期（～四〇歳前後）

第一期に蓄えた能力、知識を土台にコミュニケーション能力を向上させる時期である。高度な技術・知識を有するとともに、課題に対する解決策を立案・実行することが求められる。この時期に取得すべき資格は技術士（建設部門・総合技術管理部門）、コンクリート主任技士などがある。また、高度エンジニアを目指す人は、この時期に工学博士号の取得や学会等での専門委員会活動も必要になる。

③ 第三期（～五〇歳前後）

経験豊富な専門家・指導者・管理者として活躍する時期である。高い問題意識を持ち課題設定を行って仕事を完遂することや社内外の調整力も必要である。また、部下の指導育成を最前線で行い、組織を活性化させることが求められる。この時期に取得すべき資格は技術士（総合技術管理部門）

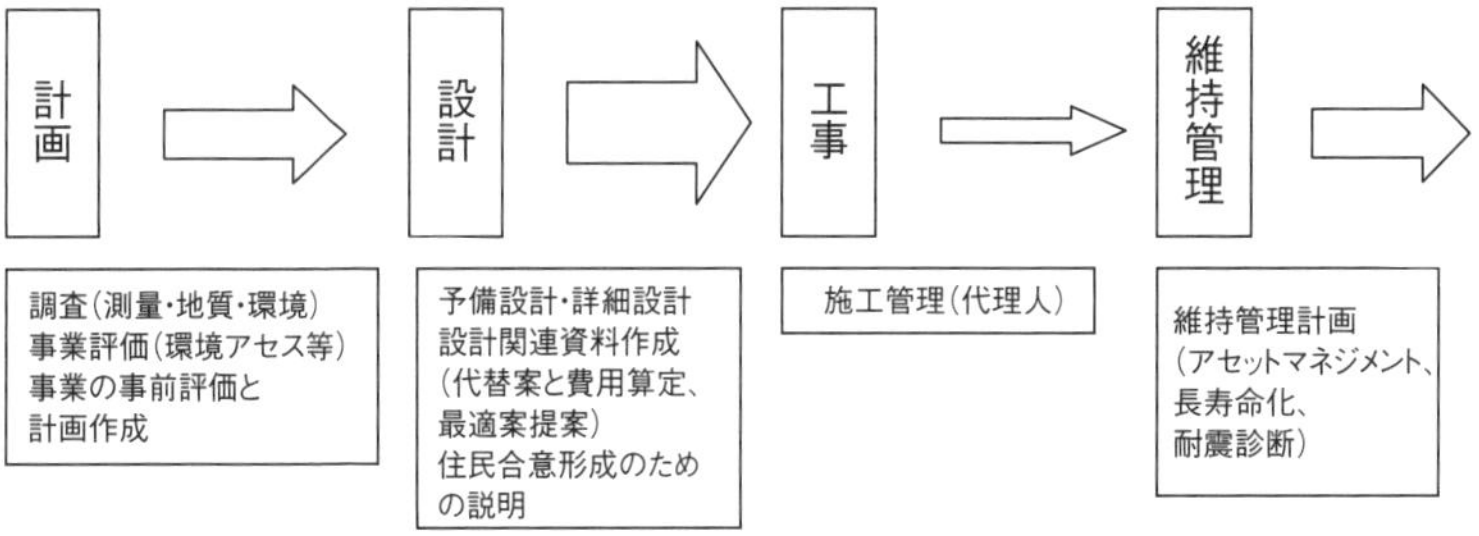

図3-7　建設コンサルタントの仕事

などがある。

④ **第四期（五〇歳前後～）**

組織のトップまたは業界のリーダーとして社会や会社に貢献する時期である。経営レベルの意思決定ができるとともに社内外に多くの人脈を持ち、組織間調整を行う。この時期に取得すべき資格は土木学会認定技術者（特別上級）などがある。

3-5　建設コンサルタントの仕事

わが国の建設コンサルタント発足は昭和二〇年以降であり、その歴史は六〇年余りと比較的浅い。建設コンサルタントは法的に定められた職業ではなく、技術士を置くなど一定の要件を満たす企業が国土交通省に登録されている。したがって、技術者の大半はシビルエンジニアで組織される。登録企業数は約四〇〇〇社であるが、再編もあり減少傾向にある。資本金が一億円を超える大企業は一〇%程度と少ない。また、一企業当たりの平均従業員数は三〇名程度であり、一〇人以下の企業が全体の七五%を占めている。

建設コンサルタントの仕事を**図3-7**に示す。クライアントは民間よりも官

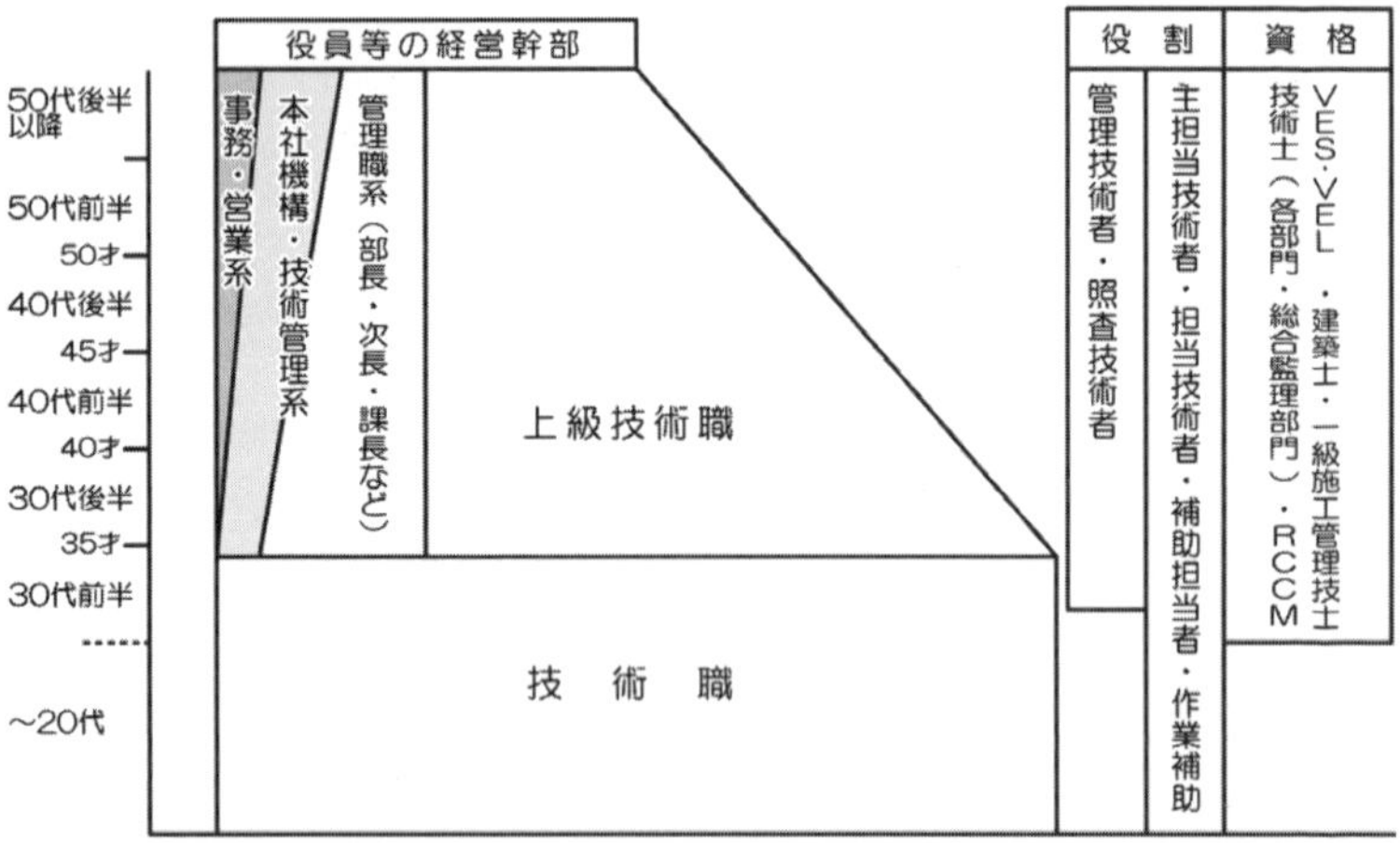

図3-8　建設コンサルタントでの職位・役割・資格（H21年度土木学会会長重点活動特別委員会：これからの社会を担う土木技術者に向けて、H22年5月）

庁（国土交通省、地方自治体）や道路、鉄道事業者が多い。仕事は、事業者が構想した事業に対する各種調査や計画支援、アセス等事業評価、事業を具体化する代替案や最適案の検討、事業費算出のための予備設計や詳細設計、施工監理や維持管理（アセットマネジメントや耐震補強）などである。調査・計画系をソフト系業務、設計をハード系業務と呼ぶが、最近は国土マネジメントや合意形成の資料作成や検討など多用な役割を担っている。近年は仕事も多様化しており、上記の他に計画段階では費用対効果分析（Feasibility Study）、PFI（Private Finance Initiative）導入検討、工事段階では設計変更への対応、維持管理段階では補修改修計画と設計などがある。その他、防災リスクマネジメント調査や地方公共団体などに対する教育・研修なども行っている。

大手建設コンサルタントでの職位構成を図3-8に示す。多くが土木技術者であり、事務・営業系にも土木技術者が配置される。管理職系は組織上の管理ラインであり、その中で部・次長も管理技術者もしくは担当技術者として実務を担っている場合が多い。上級技術職が多数を占めているが、特に、建設コンサルタントは自らの選択により生涯一技術者として活

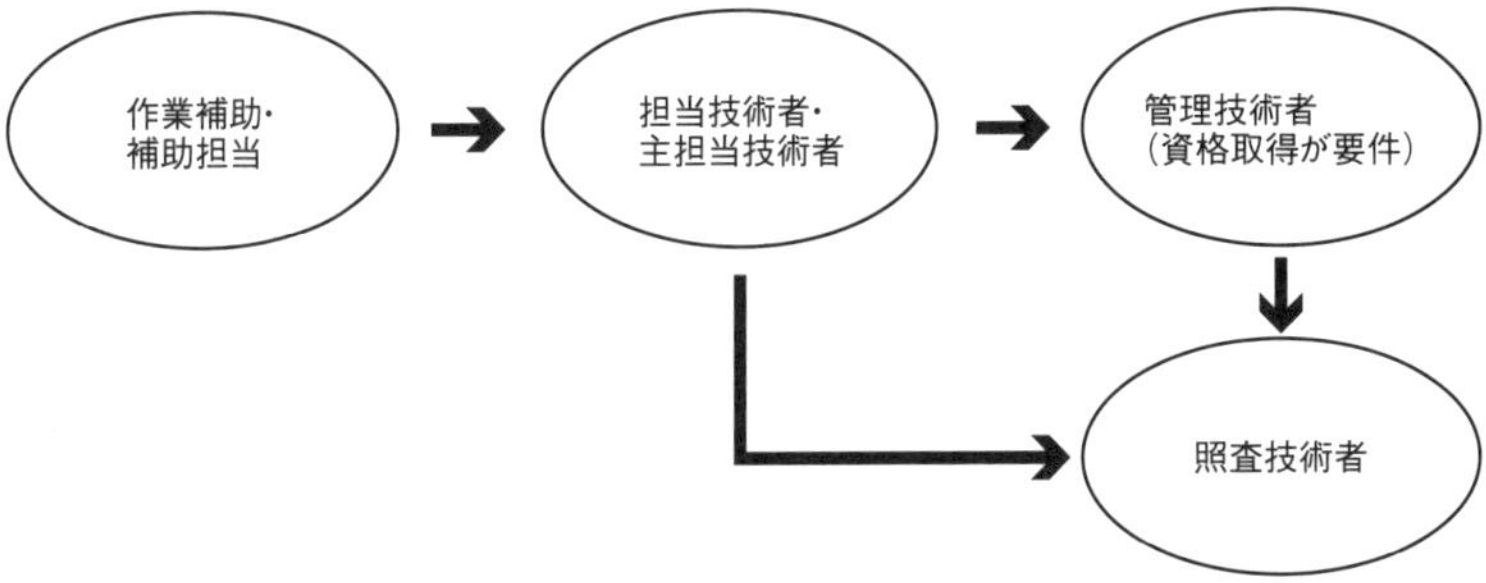

図3-9　建設コンサルタントでの業務遂行上のキャリアパス（H21年度土木学会会長重点活動特別委員会：これからの社会を担う土木技術者に向けて、H22年5月）

躍できる企業ともいえる。

技術を競う職業である。技術力は技術者個人の能力、経験と担当業務実績によって評価される。具体的には、保有する資格の種類と実績、業績としてクライアントが評価した得点がTECRIS（Technical Consulting Records Information Service）に登録される。クライアントからの発注プロジェクトに参加できるかどうかは、上記の個人技術力と企業としての技術提案力、および費用で評価される。

業務遂行上のキャリアパスを**図3-9**に示す。建設コンサルタントに所属するシビルエンジニアが一人前として認められるのは、技術上の一切の責任を負う立場、すなわち管理技術者になることである。管理技術者になるためには、技術士やRCCMなどの取得が必要条件となる。特に技術士は、一人前のコンサルタント技術者になるための出発点となる。資格取得までは、受託業務の作業補助、補助担当、担当技術者や主担当技術者として管理技術者の指導を受ける。管理技術者として種々の経験を積んだ後、成果品のチェックを行う照査技術者の任を担う。

一方、組織上のキャリアパスを**図3-10**に示す。一定の経験年数を経た後、本人の適性に応じて技術職系と管理職系のパスがあり、その後、経営層や高度エンジニアなど多様なパスが用意されている。いずれにせよ、入社一〇年程度は実績と経験を積み重ねる時期である。その後のキャリアパ

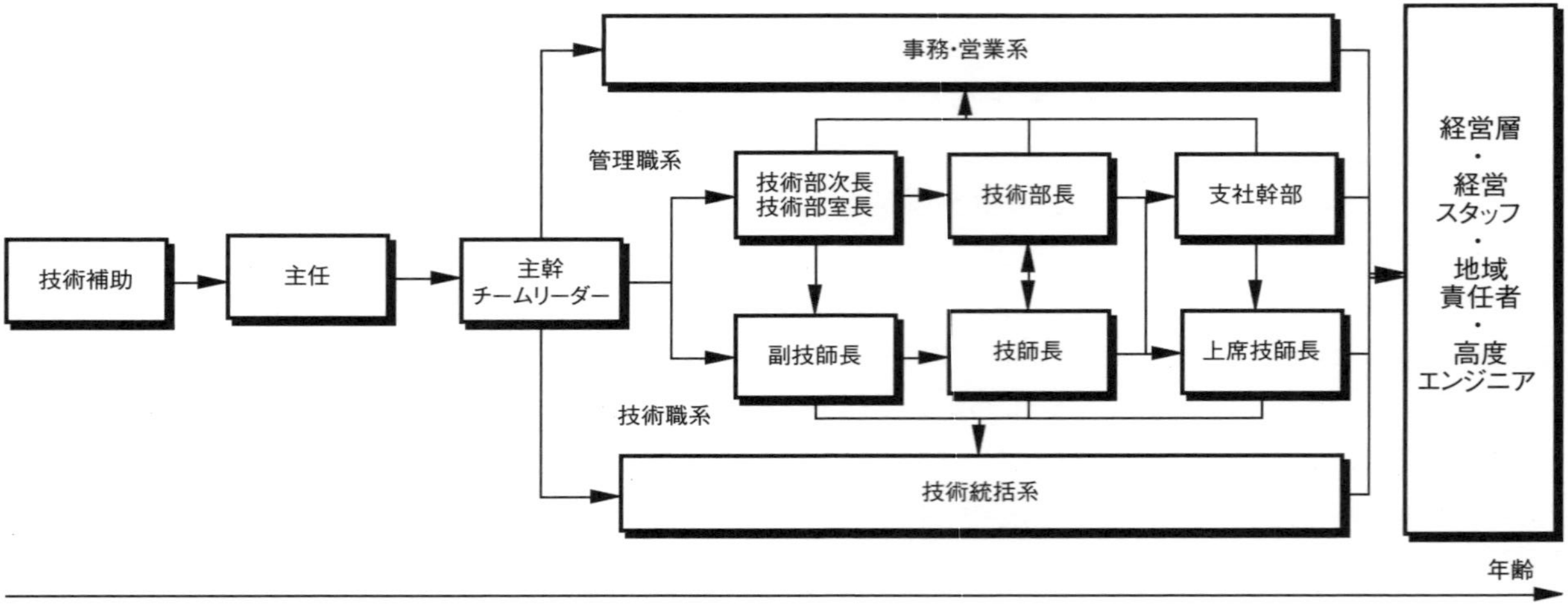

図3-10　建設コンサルタントでの選択的キャリアパス（H21年度土木学会会長重点活動特別委員会：これからの社会を担う土木技術者に向けて、H22年5月）

スは個人の資質と組織としての必要性から決まる。取り巻く利害関係者に説明できるプレゼン能力、関係者の意図が理解できるコミュニケーション能力、ＥＤ(Engineering Design)能力を磨くことがキャリアパスを成功に導く。

3-6　建設会社の仕事

ゼネコンと呼ばれる大手建設会社の仕事を**図3-11**に示す。ゼネコン(General Contractor)とは、直接契約者(元請者)のことであり、総合建設業と呼び下請け業者と区別する。建設業は、ものづくりの先端にある施工現場が重要であり、土木技術者の多くは現場に従事する。しかし、大手のゼネコンでは、施工計画、設計技術に関わる設計本部、最先端の技術を研究開発する研究所などもあり、個人の能力や適性に応じて配属される。近年の発注は技術提案型のものが増えており、技術部門の活躍が重要になってきている。また、従来の社会基盤構造物の施工に加え、環境修復工事の調査・設計・施工や海外を対象とした設計・施工物件も増加している。

大手建設会社の組織例を**図3-12**に示す。工事事務所は支店に所属し、技術・設計やエンジニアリング部門、技術研究所は通常本社組織に所属する。

また、組織と人員構成を**図3-13**に示す。現場への配属を中心に育成し、三〇〜四〇代で本人の適性や希望を勘案しながら再配属する。各技術者の人事交流を図るとともに全社的な最適化を

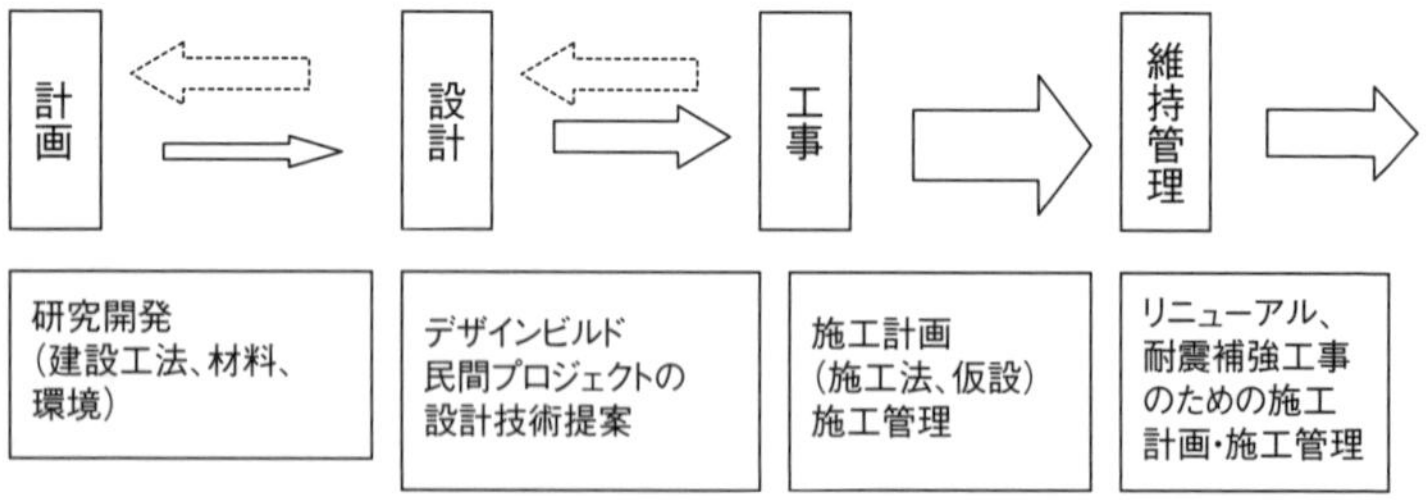

図3-11　大手建設会社の仕事

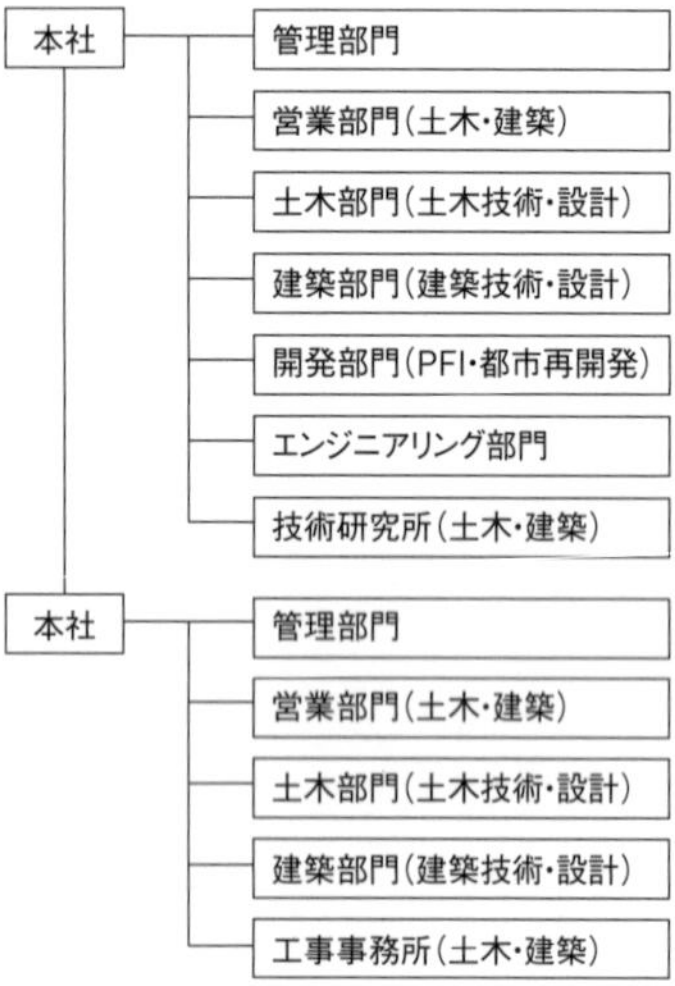

図3-12　大手建設会社の組織例

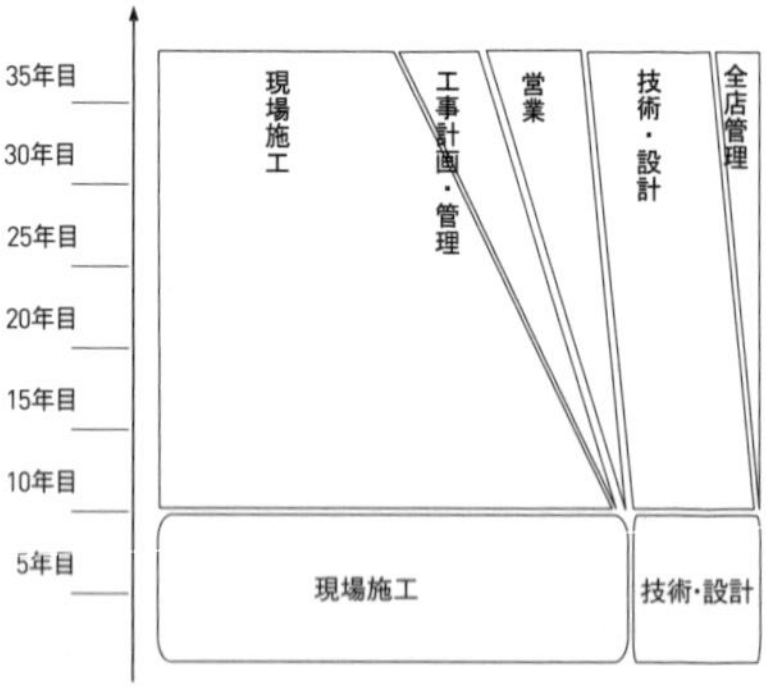

図3-13　大手建設会社の組織と人員構成の例 (H21年度土木学会会長重点活動特別委員会 : これからの社会を担う土木技術者に向けて、H22年5月)

行っていく。

年代に応じて、仕事の内容は大きくは四期に分かれる。

①　**第一期（入社〜三〇歳前後）**

最初の五年間ぐらいは現場施工管理を主体とした工事事務所や、設計技術を主体とした常設の技術部門に配属しＯＪＴ（On the Job Training）を行う。この時期の後半でその後の方向性を本人の適性や希望を勘案し決定する。

現場施工管理部門では、先輩技術者の指導のもと、測量、資材発注管理、品質出来高管理、安全管理などを行う。設計部などでは、先輩技術者のもとで各種設計基準に基づく設計技術や解析技術を習得する。

この時期に取得すべき資格として、一級土木施工管理技士と技術士のための技術士補がある。一級土木施工管理技士と技術士は、いずれも公共工事の入札に必要な経営事項審査で加点されるからである。技術士については、設計管理技術者の確保（設計施工物件で必要）、個人・会社の専門技術力の指標となるため、特に取得奨励している。この時期に土木工学必須の基礎知識（土質、コンクリート、構造）と現場施工管理技術を正確に身につけられるかが重要なポイントになっている。

②　**第二期（〜四〇歳前後）**

プロとして自立して仕事する時期である。現場施工管理部門では、施工管理計画立案、工程管理・品質管理・安全管理・予算管理を行う。技術・設計部門では、設計条件設定、設計計算・図面作成までの一連の作業、現場条件に応じた施工検討書・設計変更図書の作成、若手技術者の指導を行う。現場・設計のいずれの部門でも山岳トンネル、シールド、都市土木、ダム、橋梁などの専門工種を本人の適性を考慮して決められる場合が多い。また、一部の技術者はこの時期から海外工事を担当する場合もある。その場合、赴任前には語学や海外マネジメント研修が集中的に行われる。この時期に取得すべき資格として、技術士（建設部門）やコンクリート主任技士がある。

③ 第三期（〜五〇歳前後）

各専門工種に関する経験豊富な専門家として活躍する時期である。現場施工管理部門では、監理技術者として品質管理の責任者となる。さらに、現場代理人（所長）として、契約者（建設会社の支店長）の代わりに、工期、安全、調達、関係者との協議・折衝を行う。技術・設計部門では、各専門分野（工種）の室長やチームリーダーとなり責任者として社内各部署の調整や発注者との協議を行う。この時期には、一部の技術者は営業部門に配属され、発注者への技術営業や入札時の技術提案資料の作成を行う。この時期に取得すべき資格として、技術士（総合技術管理部門）や専門性や難易度の高い資格（コンクリート診断士など）がある。この年代には、二〇、三〇代の若手技術者のモチベーションを維持し、彼らの技術力の向上、およびそれらを結集させるマネジメント能力が必要となる。

④ 第四期（五〇歳前後〜）

概ね五〇代であるこの時期には、現場施工管理部門では、複数の現場を取りまとめる統括所長や各部門の部長、本部長、役員として会社の経営に携わる場合と、各専門分野の専門家として工事事務所や支店、本社技術部門で活躍する場合に大別される。この時期までの取得すべき資格として、技術士（総合技術管理部門）や土木学会認定技術者（特別上級）などが期待される。この時代には、高度な専門知識と経験を活かし後輩を育成、特定の技術分野において業界の代表となる幅広い知識を有することが期待される。または、部・室組織を統率し、経営的判断を持って意思決定、人材登用などマネジメント能力を有することが期待される。

参考文献
＊1　平成二二年度土木学会会長重点活動特別委員会「これからの社会を担う土木技術者に向けて」、平成二三年五月

第4章

社会で働くということ

4-1 個と組織の契約関係

就職するとは、個人と組織が契約関係を結ぶことである。企業を例にとると、企業は個人に給与を払い、個人はその代わりに労働力を提供する。図4-1に示すように、企業による従業員の生活保障と労働力の提供はトレードオフの関係にある。ここで、給与は国・自治体などの公機関と民間企業によって考え方が若干異なる。公機関の場合には、月給と賞与の合算が給与である。民間企業の場合には月給が給与であり、賞与はあくまで企業実績に従って支給されるボーナスである。一般には年二回、直前半期ごとの実績に従って支給される。実質は大差ないので、ここでは民間企業を対象に契約関係の内容を考える。

上記以外に、企業は正社員である従業員のために年金を積み立てる。図4-2に、個人と企業負担との関係を示す。通常、企業の場合、年金には一般に退職年金と厚生年金がある。退職年金は企業年金の形で、厚生年金は個人が支払う金額と同額を企業が積み立てる。したがって、厚生年金保険料として個人負担額の二倍が積み立てられることになる。近年の経済不況下で契約社員が増加しているが、この場合企業は上記年金積立の義務はなく、負担が軽減されるためである。なお、退職年金の積立額は勤務二〇~三〇年を経て加速度的に上昇するが、それまでは低額である。つまり、途中で退職すると退職金は低額となる。ここに、わが国固有の終身雇用型の給与体系をみることができる。

企業の体力に従って福利厚生内容は異なるが、定期的な健康診断実施や産業医の駐在、保養地宿泊施設費用などを従業員のために企業が負担する。このような年金積立や福利厚生への負担を入れると、一人の従業員に対し支給額のおよそ倍額を企業が負担することになる。

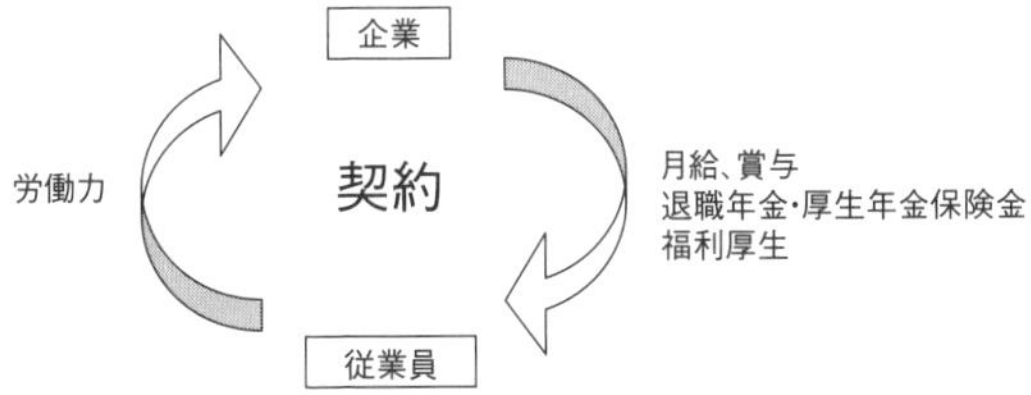

図4-1　生活保障と労働力のトレードオフ

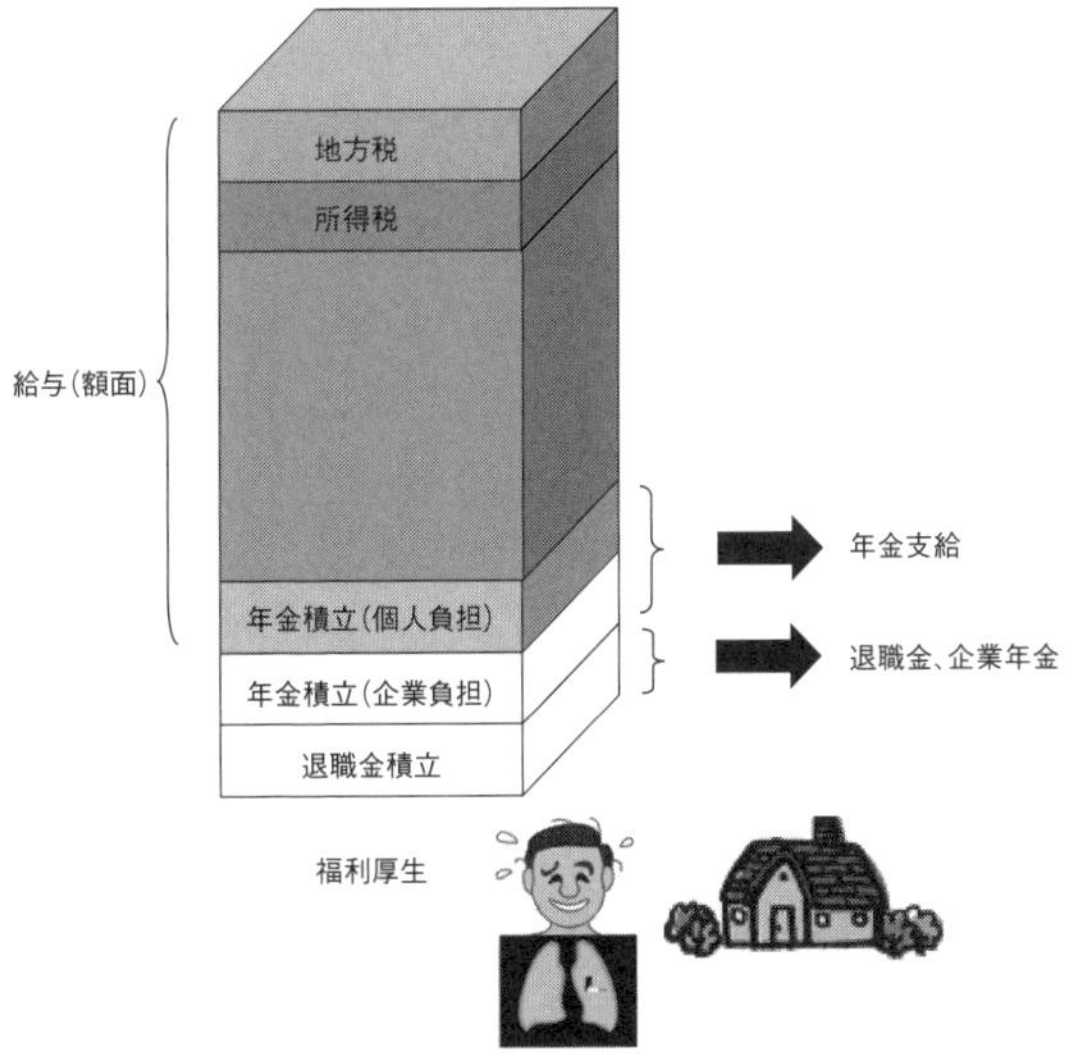

図4-2　給与と年金制度

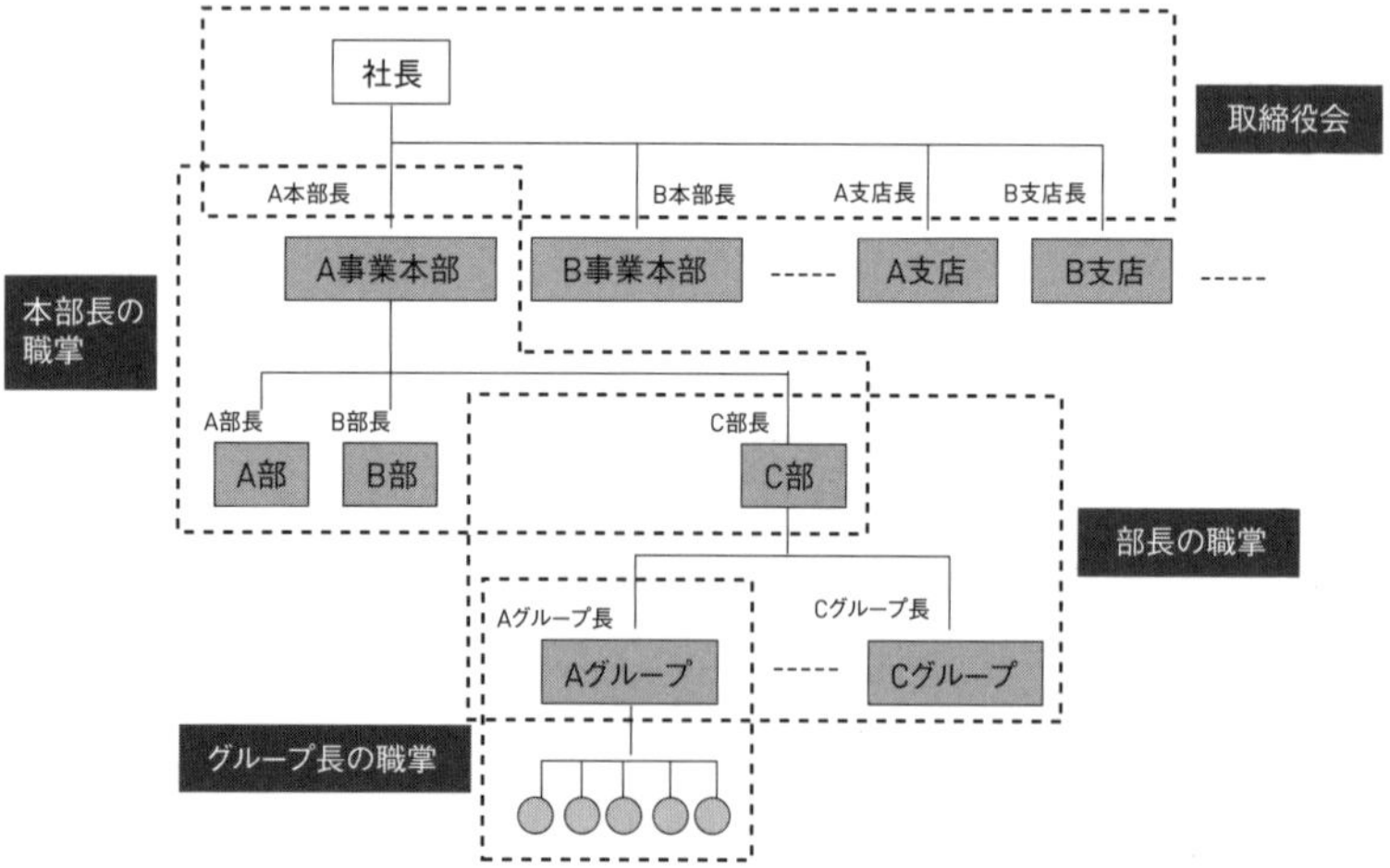

図4-3　トップダウン型組織と職掌

4-2　組織と業務

【1】ピラミッド組織と職掌

企業を例に組織と組織長の職掌について考える。日本企業の場合、組織は経営者を頂点としたピラミッド構造となっている。事業本部、部・課など多くの組織で構成されるため、各組織の役割と組織長の職掌が明確でなければ機能しない。企業間の激しい競争の中で生き残るためには意思決定のスピードが大切であり、そのためには各組織のミッションと組織長の権限が明確になっていること、組織の動きが迅速に経営者に伝わる構造であることが重要である。

そこで、**図4-3**には、一般的な日本企業に見られるトップダウン型組織を示す。社長と取締役から構成される取締役会が最高意思決定機関である。この際、事業本部長や支店長クラスが通常取締役であるが、代表取締役である社長が企業経営に関わる最終意思決定者となる。事業本部や支店には各部が置かれ、部組織は部長が、事業本部や支店全体は本部長や支店長が最終意思決定者となる。各部の下には各グループがあり、部全体は部長が、各グループはグループ長が意思決定者となる。

組織のミッションと組織長の職掌、権限が明確に設定されているから、組織を超えて連携を図る場合には上層に上げて下ろしてくる調整作業が必要になる。例えばC部に属するAグループからCグループに業務を依頼する場合には、C部長に上申しC部長からCグループ長に指示してもらわねばならない。職掌や権限が明確である一方、場合によっては仕事の流れが遅くなる場合もある。このような弊害を避けるため、フラット型組織を試みる企業も少なくない。

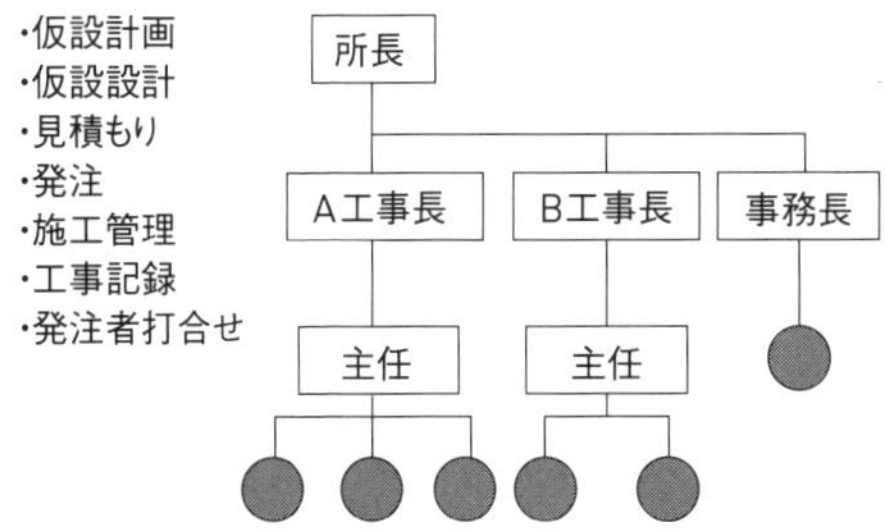

図4-4　生産現場の組織と業務

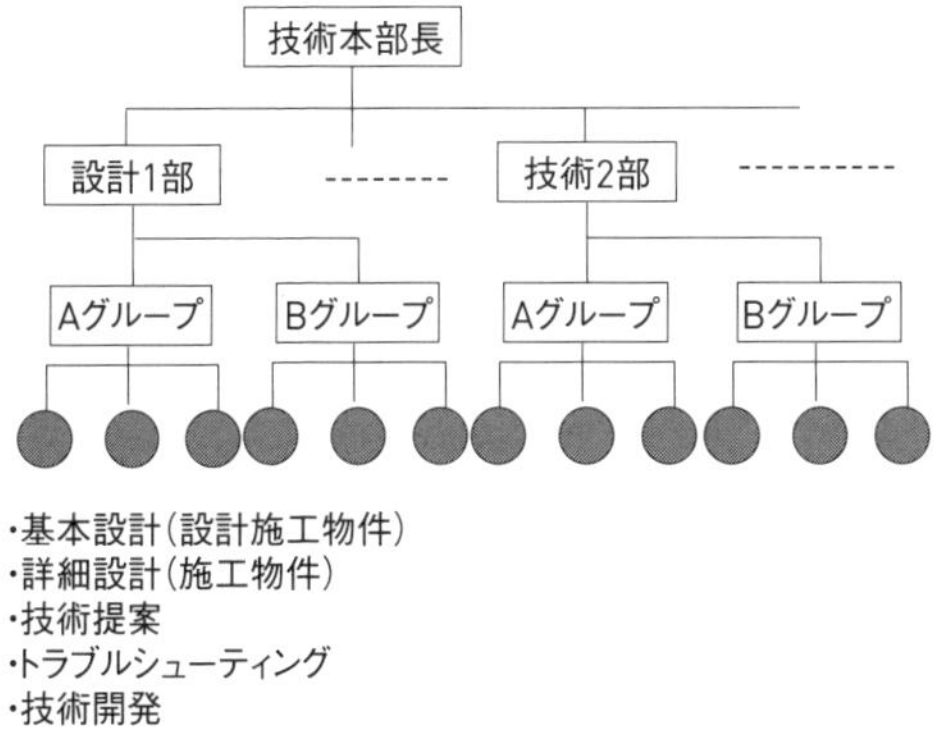

図4-5　設計・技術部門の組織と業務

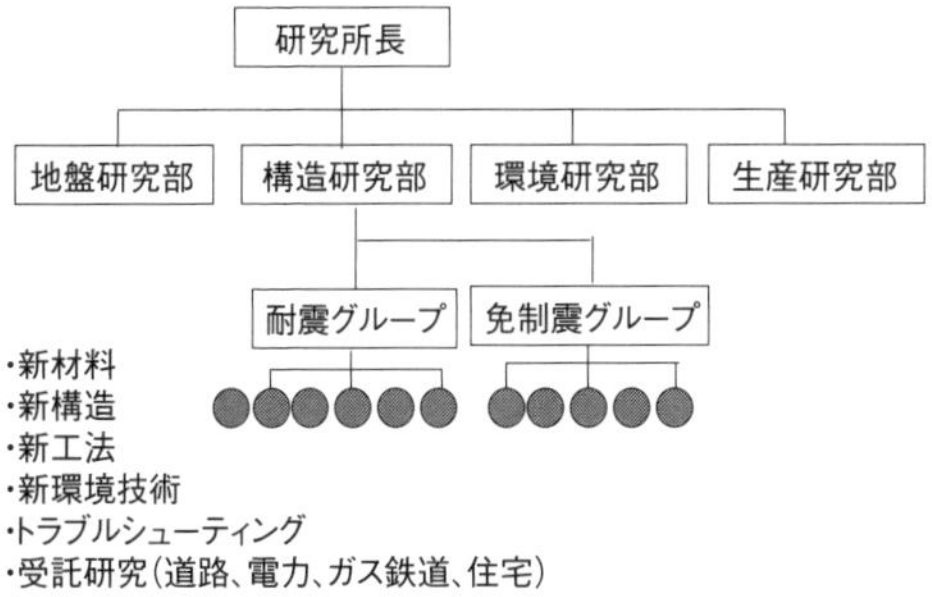

図4-6　技術開発部門（技術研究所）の組織と業務

【2】生産現場の組織と業務

図4-4には、生産現場の組織と業務を示す。生産現場の規模にもよるが、通常は五～一〇名程度、所長―工事長―工事主任―係員および事務担当の事務長(事務主任)の職員で構成される。大きな現場では副所長や複数の工事長を置く場合がある。生産現場のミッションは、専門業者を使い分けながら、求められる品質を満足しつつ、より速く、より廉く施工していくことである。

【3】設計、技術部門の組織と業務

図4-5には、建設会社を例に設計、技術部門の組織と業務を示す。設計部門の場合は、コンサルタントで作成された基本設計をもとに施工を前提とした詳細設計を行う。民間工事の場合には、基本設計から行う場合もある。近年は技術提案型の発注に対応するため、技術提案に伴う検討や資料作成の機会も増えている。技術部門の場合は、施工技術に関わる検討や実施工で発生する技術トラブルへの対応業務を行う。また、施工法など施工技術の開発も行っている。

【4】技術開発部門の組織と業務

図4-6には、建設会社を例に技術開発部門(技術研究所)の組織と業務を示す。技術開発の主なミッションは地盤、材料、構造、および環境に関わる新技術の開発である。これ以外に、生産現場で発生する技術的問題に対する解決策提案(トラブルシューティング)や施主からの受託研究も行う。

4-3　クライアントとの関わり

生産現場では、クライアント(発注者)は受注者にとって施工監理者となる。設計では、クライアントは受注者にとって設計監理者となる。また、技術開発では、研究委託者または共同開発者となる。

しかしながら、あくまで発注者と受注者の関係にある。不具合、トラブルがあると、一般に民間受注者による問題解決が迫られる。発注者がいる以上、一般には営業担当者が介在し、問題解決が困難な場合、商売という観点から調整を図ろうとする。すなわち、「お客様は神様」主義がまずもってまかり通る。そうすると、無理難題を押し付ける、良い成果は自分が取る、失敗は尻拭いさせる、拒絶すると本社上層部へ持ち込む、というような酷いクライアントも出てこないわけではない。それを受けて、受注者側は知恵を絞り工夫するから問題解決力や技術力は高くなる。一方、丸投げした発注者側のポテンシャルはどんどん低下する……、というのが実態！　は言い過ぎであろうか。こんな背景もあり、楽そうだから発注者側に就職を、という学生が増えているのは困ったものである。

しかし、中には良い発注者がいる。発注者と受注者の役割を整理し、発注者として取り組むべき仕事を明らかにできる人である。時には一緒に考えて問題を解決しようとする。その逆に、発注者の立場を理解し、両方の立場を考えて問題解決を図ろうと、Win-Winを工夫する受注者もいる。このような機会に恵まれる場合、お互いを大切にすることが重要である。目には見え難いが、人のつながりは将来に向けての財産となる。発注者、受注者とも人ネットワークづくりがポイントである。

［余話］道路事業者本社Y課長のこと

共同開発した成果を某協会の技術開発賞に応募しましょうと提案した。よけいなことは何も言わず「どんどんやりましょう」と言ってくださった。一部は同事業者支社からの委託研究であり、本来的には直接の担当者がいる。彼に言えば組織間調整が必要となるし、内容までごちゃごちゃ言ってくるのがわかっていたから、その方法は不適切と判断した——後日文句も言われたが。何はともあれ、種々のプロセスを経た後首尾よく受賞した。その後、共同開発成果は同事業者の標準工法に採用された。

Y課長は全社技術を統括する部門の実質責任者である。しかし最初にお会いしたときから、自然体で話ができた。私の勤務する技術研究所での公開実験にも足を運んでくださった。後年支社長となられ、私の話を時々されるというので、支店営業担当者とお邪魔したこともあった。人のつながりを自分の利益に利用した記憶はない。標準工法採用ということで会社から評価の言葉を頂いたこともない。しかし、なにか気の許せる、自然体で接することのできるクライアントのお一人であった。

4-4　外部の仕事・活動

仕事は職場内だけではない。同業者との連携作業等に出かける機会もある。一般には、協会活動や委員会活動として行われる。**図4-7**に、国・自治体・事業者・民間・学の連携を模式的に示す。

大別すると、横の連携と縦の連携に分けられる。前者は、国・自治体間、自治体間、事業者間、民間同士といったもので、情報交換や共同化の目的で持たれる。競争相手である民間同士の共同化は、技術を共有化し普及に努める場合、またコンソーシアムなどを結成して産業界全体の活性化を図る場合等である。後者については、国・自治体と学、事業者・民間と学、そして国と民間といったもので、政策や計画原案作成・調整、技術の共同開発等の目的で持たれる。国・自治体と学については、政策や計画に対する第三者としての学からの意見聴取、あるいは学がその一部作業を行って実施する場合である。事業者・民間と学については、事業者・民間の共同開発技術を学の意見を聞きつつ標準化する場合である。国と民間については、官民の共同研究や民間開発技術を審査しオーソライズする場合等である。

上記以外には学会活動もあるが、出版や情報交換の目的が多い。個人参加の色彩が強く、国・自治体・事業者・民間・学の種々の人たちの共同作業となる。ただし、わが国の場合は学が主体である。

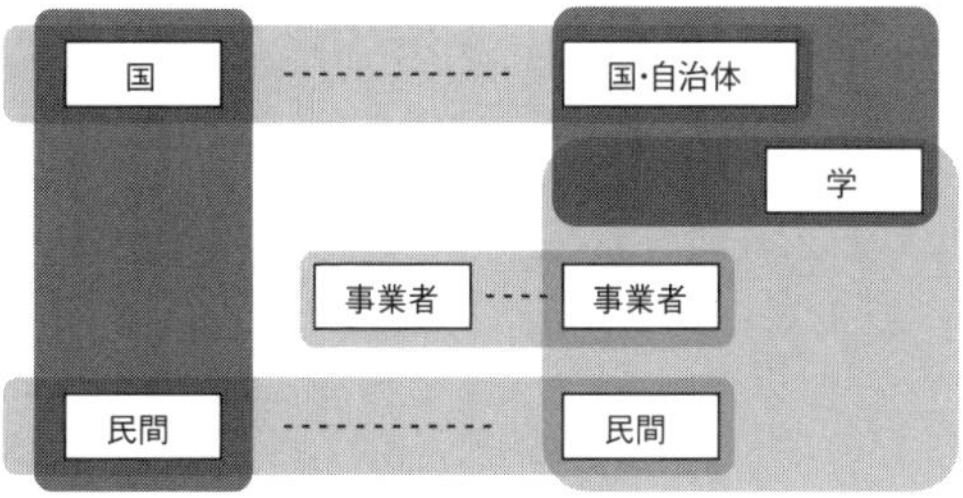

図4-7　国・自治体・事業者・民間・学の連携

［余話］

建設会社の研究所で、耐震実験や解析は人一倍手がけてきた。阪神・淡路大震災後の技術基準の整備や復旧対策技術検討で学会や事業者から要請があり、一時は二〇近くに及ぶ委員会に参加していた。学会に認められていたからであり、有難い話である。しかし、学会から信頼を受けていても、企業内で評価された記憶はあまりない。上述したように、学会が個人参加の色彩が強いためである。また、事業者からの要請で参加しても受注と直接関係がなければ社内の評価はない。幸い壮年期にあり、働き蜂としての参加ではなく、意見・指導という役割だったので会社仕事に大きな影響はなかったけれど。

技術に携わってきた者として、エンジニアリング力が評価されない国だとよく感じた。つまり、エンジニアリングはビジネスにならない。なぜなら工事発注方式であり、エンジニアリングはそのサービスであったからである。発注方式はゆっくりと変わってきているが、それでも、まだまだの感がある。ハードからソフトへ、そして、請負からエンジニアリング会社への転換が必要だと思う。

話は変わるが、学会の学について裏側から考えるときがある。リーダーシップのための権力争いがある。その目的は、端的に言うなら知名度と研究費確保である。そのために閥を組む、学ボスが業界や学会に力を及ぼし援助を引き出す。そして、学ボスのいる大きな閥が勝つ。その構造が研究費の一極集中を招く。技術は進歩したがアカデミック社会は旧態である。実務エンジニアがリードする学会のあり方も検討する余地があろう。

4-5　人事評価と給与

【1】人事評価制度

人事評価は一般に、能力と実績の二つの観点からなされる場合が多い。能力とは業務遂行上不可欠なスキル、能力であり、専門力、コミュニケーション力、折衝能力、指導能力、マネジメント力などが相当する。ここで、技術的知識や判断力は専門力に含めている。年齢に応じて求められる能力は高くなり、概ね二〇歳代ではコミュニケーション力まで、三〇歳代では折衝能力、四〇歳代は指導能力、五〇歳代でマネジメント力が求められる。

実績とは具体の成果である。技術の採用などの外部評価、受注や受注額、そして受注後の効率化・工夫によって生み出される利益などである。

能力と実績評価は部門によって比重が異なる。具体の数量評価が可能な営業部門や施工部門は実績評価が可能である。一方、数量評価の難しい計画部門や技術部門では能力評価に比重が置かれる(図4-8)。

人事評価は一般に、半期をサイクルとして行われる。前半期を対象に設定した目標の達成度を評価するとともに、次半期に向けての到達目標を設定する。4-2節の【1】で紹介したピラミッド組織の場合には、それぞれの階層ごとにこれを行う。つまり、中間管理職は部下を評価するとともに上司から評価を受けることになり、経営のトップにならない限りずっと続く。

人事評価結果は給与、昇進に反映される。将来の長い若年層の場合には、労働意欲への配慮もあり給与への反映は大きくないが、それでも必ず差がつけられる。

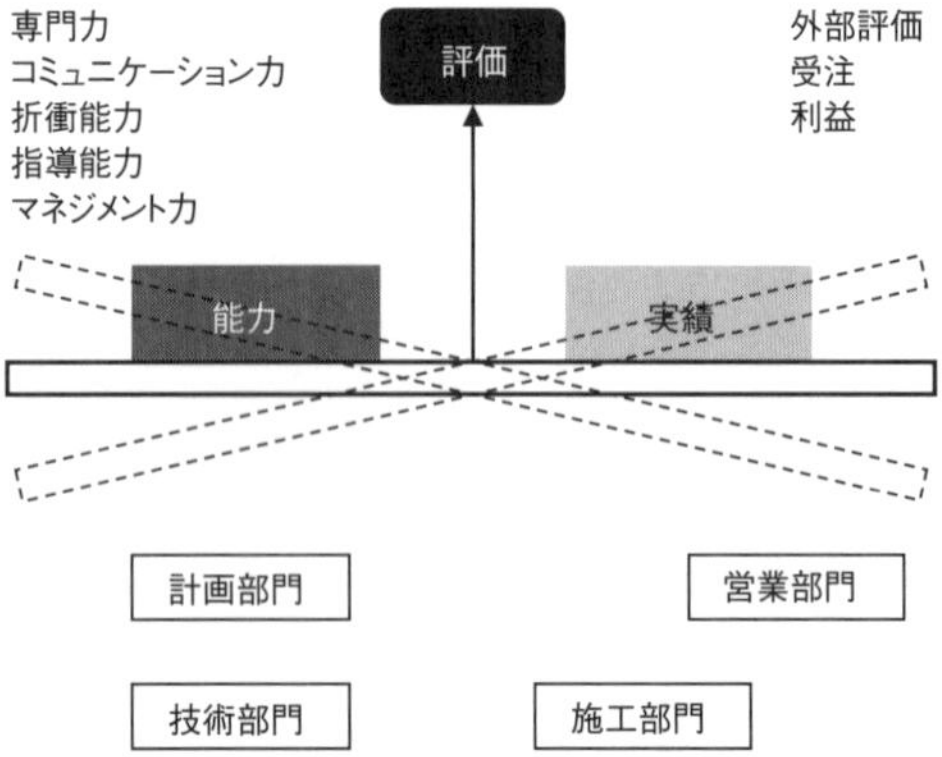

図4-8　人事評価制度

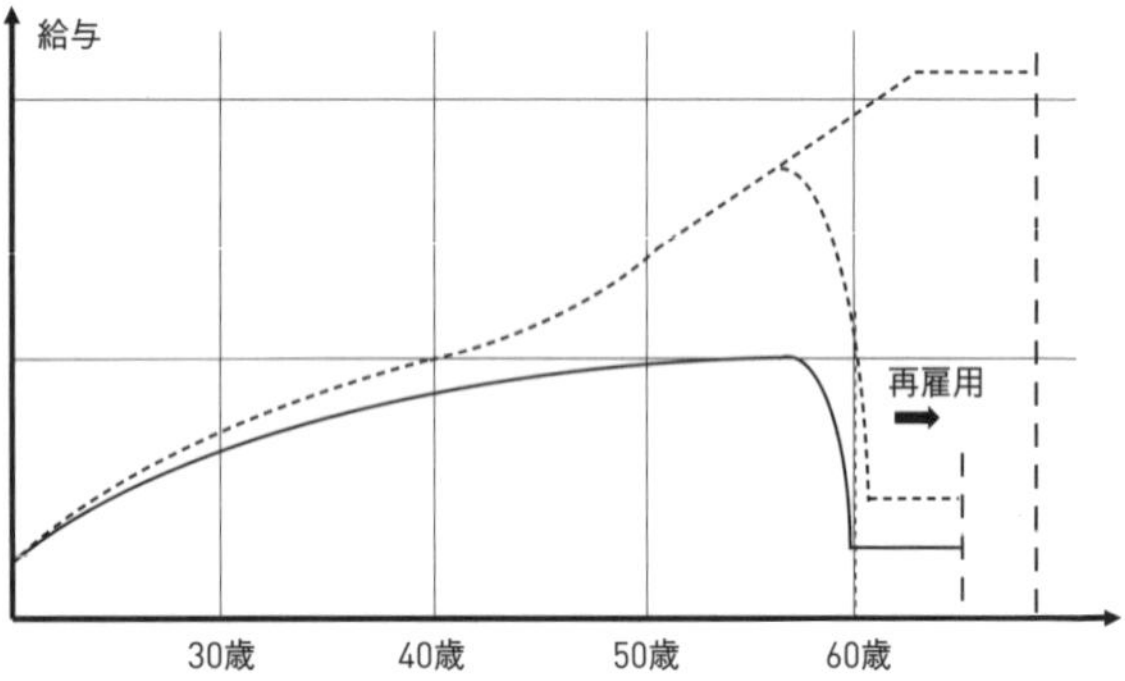

図4-9　給与の推移

【2】給与

図4-9に、給与の推移概念図を示す。実線は平均推移、点線は上位の推移を表す。三〇歳代まで大きな差がつくことはないが、四〇歳台になってそれまで蓄積された評価が効いてくる。また、仕事の全容が見え出す四〇歳代での活躍が将来への道筋に大きな影響を与える場合が多い。

現在の給与制度では、経営層を除き定年に近い六〇歳前から減給が始まる。年金支給開始年齢が引き上げられた現在は過渡的な段階であり、法律で定められた再雇用制度に従い、定年後年金支給の始まる年齢まで雇用される。この場合、年金支給額が基準になるので五〇歳代までの給与に比べると大幅な減額となる。

4-6　人間関係

特殊な仕事を除いて仕事は組織で行われる。入社当時は初年兵であっても、数年のうちに後輩や人材派遣職員など一緒に仕事をしてくれる人たちに囲まれる。また、上には指導してくれる先輩、上司がいる。そのまた上には全体を見守る部長や役員がいる。

急ぎの仕事が入った場合には、後輩達に無理を承知でやってもらわねばならないこともある。先輩、上司には、指示を受ける以外に外部や他部門との関係で動いてもらわねばならないことも出てくる。部長や役員には長い目で自分を見ていてほしい。いくら能力があったとしても、信頼を得ていなければ組織仕事はできない。ここで、人間関係が重要になる(図4-10)。ポイントは礼儀、助け合い、心配り、そして、心穏やかに楽しく仕事をすることである(図4-11)。

喜
怒
哀
楽

図4-10　職場と人間関係

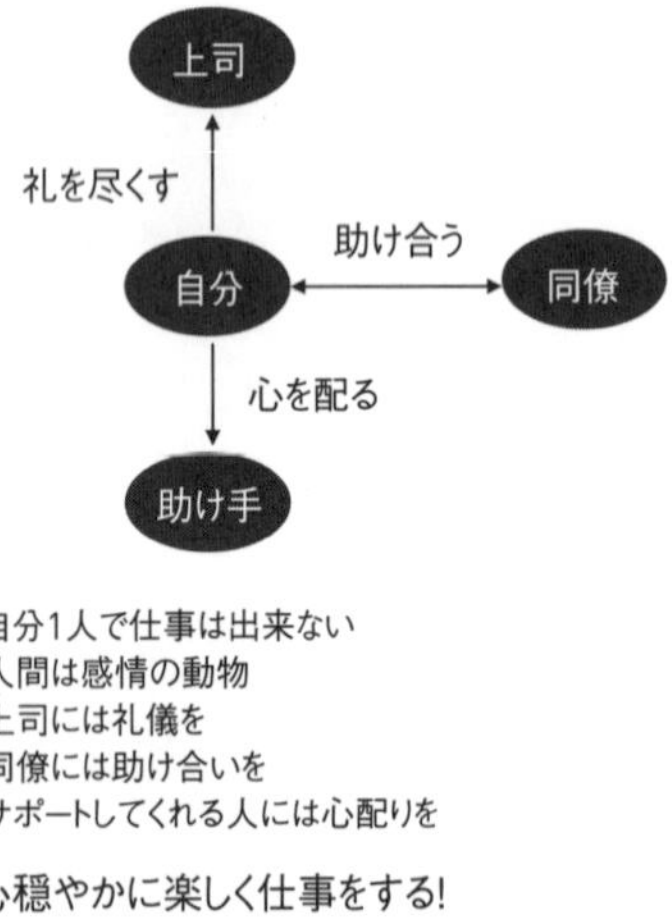
上司
礼を尽くす
助け合う
自分
同僚
心を配る
助け手
・自分1人で仕事は出来ない
・人間は感情の動物
・上司には礼儀を
・同僚には助け合いを
・サポートしてくれる人には心配りを
心穏やかに楽しく仕事をする!

図4-11　礼儀、助け合い、心配り

第5章

高度職業人に求められる資質

高度職業人に求められる資質には、①専門力、②人間力、③企画力、④判断力と実行力、そしてその背景となる⑤哲学がある。以下、それぞれについて説明する。

5-1　専門力

専門力の最終ゴールは、自分にしかできないものを持つことである。専門力を身につけるには、相当の研鑽と時間が必要である。若い時期に一気に身につけることはできない。辛抱強く一つ一つ階段を上ることが重要である。したがって、真面目であることがすべてへの近道と言ってよい。

図5-1に、建設事業における業務範囲と求められる能力の関係を示す。計画の主体は自治体や事業者、設計の主体はコンサルタントと考えてよい。施工の主体はメーカーや建設会社である。維持管理段階では、施設の所有者である自治体や事業者が管理の主体となる。しかし、この段階での日常維持管理業務は、民間に委託する場合が多い。大規模な維持管理事業の場合には、計画を自治体や事業者が、補修・補強計画をコンサルタントまたは建設会社が、そして実施は専門会社や建設会社がこれを行う。以下に、計画、設計、施工、維持管理の各段階に分けて専門力を考える。

【1】計画

　自治体を例に、計画段階での専門性を考える。住民と国や上部自治体間を調整する行政能力、具体計画と実施に移すための予算化能力、法令というルールへの知識などにおいて専門性が求められる。また、実施するためには新技術に対する関心や知識も必要となる。これらそれぞれで、

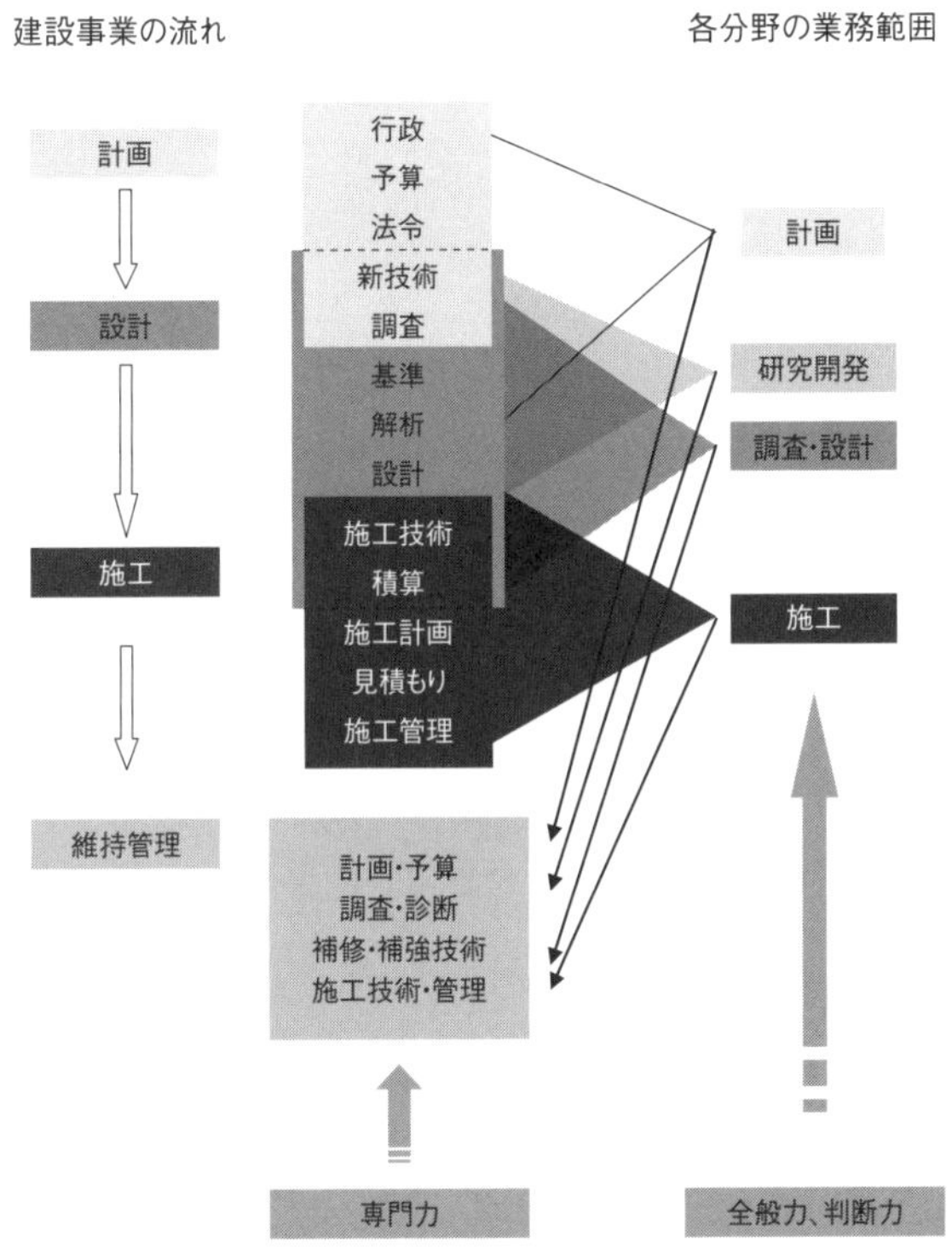

図5-1　建設事業における業務範囲と求められる能力

専門力が求められる。

【2】設計

工法等新技術から技術基準への知識、解析技術から調査・設計技術までが設計部門の主な業務内容である。施工できないような設計、根拠なく建設費が増加する設計は許されない。そのためには設計部門とはいえ、施工技術や積算に対する知識も必要となる。技術の動向や基準への深い知識、高度解析技術、調査・設計技術、施工・積算への高度な知識は設計部門において貴重な専門力となる。

【3】施工

積算、施工計画から施工変更に伴う見積もり、そして肝心の施工管理が主な業務となる。施工を知らない人間に積算はできない。規格品の工場生産でない単品現地生産の建設作業は、用意周到な施工計画が必要となる。天候変化、周辺住民を含む環境の変化により制約や計画変更も起こり得る。その場合にも、変更になった建設コストを最小化する見積もり能力や発注能力が求められる。最も重要なものは工期、工程に配慮し、そして求められる品質を確保しつつ構造物を施工していく施工管理能力である。天候等予期しないリスク管理能力と判断が必要になり、単なる知識ではなく経験が重視されるゆえんである。積算、施工計画、施工管理に対する深い経験と判断能力は、それぞれ施工部門における専門力となる。

【4】維持管理

今後、わが国において最も大切な分野である。調査・診断業務は日進月歩する各種技術への理解と知識が必要である。診断は誰にでもできるようマニュアル化されるが、マニュアルだけでは判断できない。対策としての補修・補強についても、各種技術への理解と知識が必要である。対策工事については施工と同様、積算、施工計画、施工管理能力が求められる。補修・補強工法の選定から対策工事までを最適化していく計画・予算化能力は、この段階での貴重な専門力となる。

なお、**図5-1**の右側には、計画、研究開発、調査・設計、施工各分野における業務範囲を示している。各分野に期待される業務を含め、ラップした部分への視点が、予算投資や実施判断のためには必要となる。そのための能力は全般力・判断力である。各分野マネージャの仕事であり、専門力と異にする。

5-2　人間力

人間力とは、周囲の人たちを動かす力、あるいはこの人のためなら動こうという思いを周囲の人たちに抱かせる人望である。人間力を高めるためには、以下が必要である。

- 周りの人の特性を知る
- 人を大切にする

・広角である、世界観を持つ
・異質を受け入れる

図5-2に、技術開発における共同作業例を示す。新形式橋梁の開発と実用化に向けての実証実験プロジェクトである。担当研究員の下には、試験体設置や加力装置組立てのための実験支援職員や計測、データ処理、解析のための支援業者がいる。試験体製作は、鉄筋・鉄骨加工業者や型枠加工業者が担当してくれる。担当研究員は、設計実務担当者や新形式橋梁を採用する事業者と密接な連絡を取る必要がある。かつ、その結果を逐次上司であるグループリーダーに報告し、指示を仰ぎつつプロジェクトを円滑に進めていくミッションがある。

これらは一連の信頼関係によって成り立っており、例えば、支援職員や支援業者、また上司のどれをとっても意思疎通が不十分であればプロジェクトは失敗に終わる。このミッションの主体は担当研究員であり、周囲の人間からの信頼感が欠かせないものとなる。この時、担当研究員の人間力が重要になる。支援してくれる人の特性、そして円滑なコミュニケーション、信頼感を得てはじめて、人は聞くことをする。

そのためには支援者一人ひとりを大切にし、心を配ることが必要になる。人間社会であるから、相性の問題が必ずある。相性が合わないからといってコミュニケーションが不十分では許されない。その時に重要になるのが、異質を受け入れる度量である。そのためには、広角なものの見方、広角な人の捉え方、翻って言えば世界観が必要と言っても過言ではない。

図5-3には、個人に備わるAbility(能力)とPotential(度量)、およびその積としての社会・組織貢献力ＳＣＰ(Social Contribution Potential)または生涯使命達成力ＳＬＭＰ(Satisfactory Life Mission Potential)の

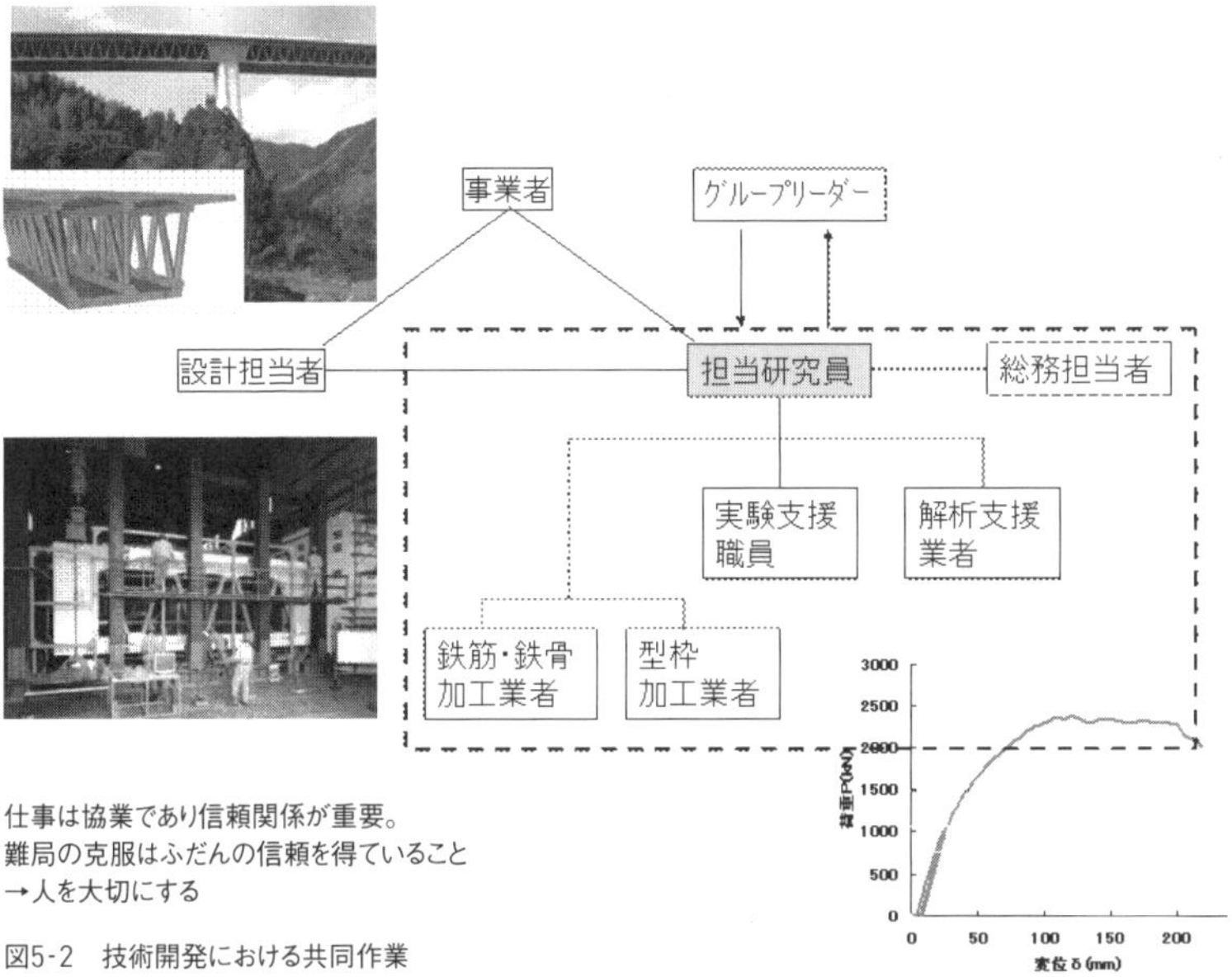

図5-2　技術開発における共同作業

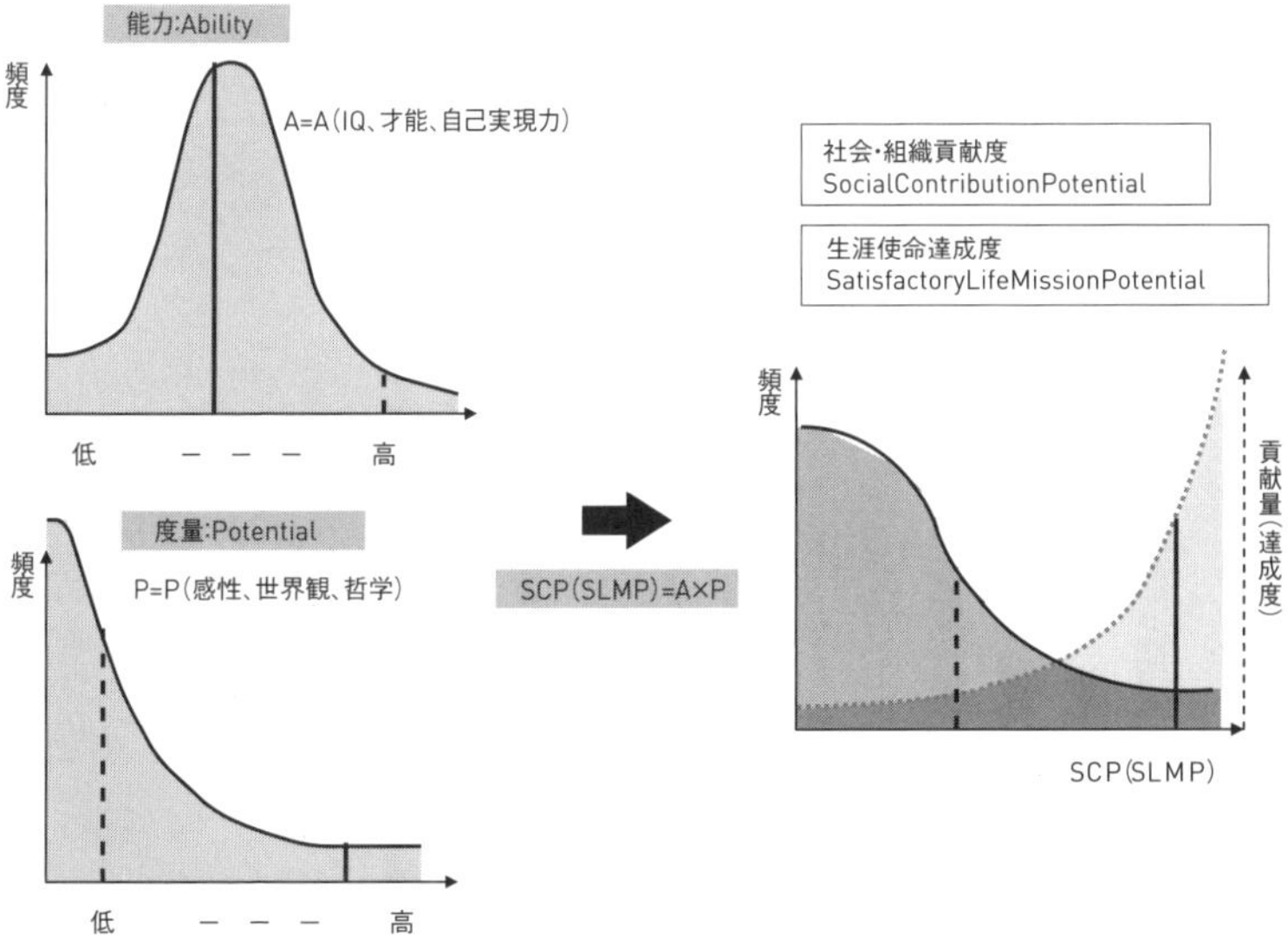

図5-3　AbilityとPotential

概念を提示する。AbilityはＩＱや才能、自己実現能力など生まれつき備わった能力の関数である。概ね正規分布するので、大多数は平均値周辺に分布する。Potentialは感性、世界観、哲学などの関数であり、生まれつきというより生涯で個人が育て上げる度量や許容力である。感性は、ここでは人の立場に理解が至る力、すなわち人への想像力、世界観は価値観の広さ、哲学は社会・組織での自分の役割を整理できる考え方と定義する。そのような意味では大多数が狭量であり、Potentialは左側に偏り急激な右下がり分布となる。そこで問題となるのは、AbilityとPotentialの積としてのＳＣＰまたはＳＬＭＰとその分布である。これらの分布は、グレーゾーンで示すように低い側に多数が分布する。その結果、実際の貢献量や達成量は、波線右側に位置するＳＣＰまたはＳＬＭＰの高い一部の人たちによってもたらされることになる。

ここで留意すべきは、Abilityが高くてもPotentialが低ければＳＣＰまたはＳＬＭＰは低くなってしまうことである。一方、Abilityは平均値であってもPotentialが高ければＳＣＰまたはＳＬＭＰは上昇できることである。生涯で個人が育て上げるPotentialへの努力が大変重要となる。

5-3 企画力

企画力とは、仕事の進め方を提案する力、そして組織の役割、役職とスタッフの役割を把握し、

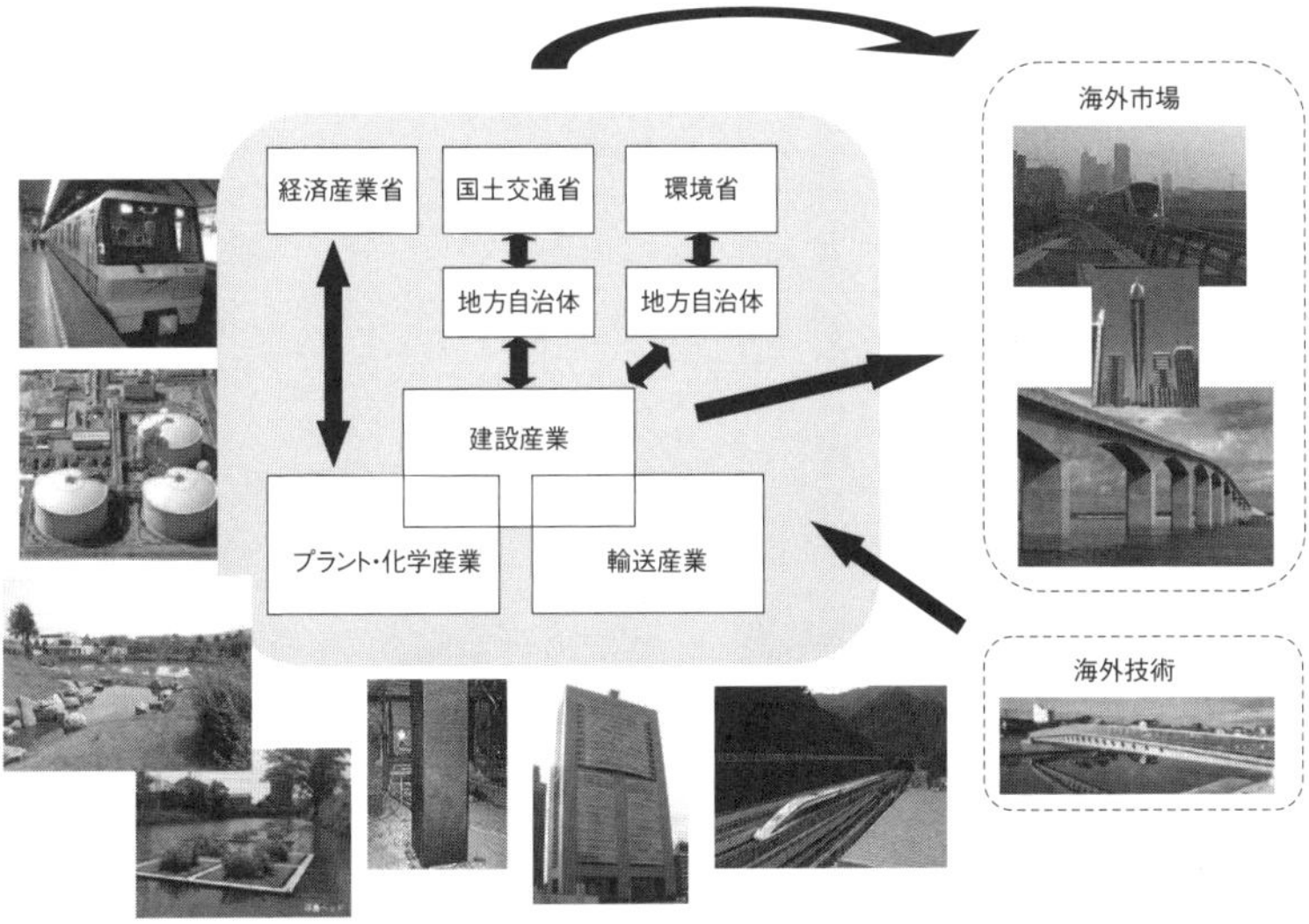

図5-4　国・自治体・産業・海外の連環――国、地方、産業界、そして海外の動向を読む!

組織のあり方を提案する力である。そのためには、以下が必要である。

・時代を読む
・組織のミッションゴールを考える
・トップを動かす

【1】時代を読む

図5-4には、各種建設事業に関わる国・自治体・産業界および海外の連環を示す。地下鉄など都市交通網の整備は、一般に国土交通省からの補助金のもと自治体の事業として実施される。エネルギー施設の整備は、経済産業省の指導のもと電力・ガス事業者が実施する。環境再生に関わる事業は、環境省の指導のもと自治体で実施する場合が多い。その場合、土地や水路の改変は建設産業が担うとしても、水質浄化装置の製作等はプラント・化学産業がこれを担う。各種鉄道の整備は、国土交通省の指導のもと鉄道事業者が実施する。この場合、維持管理事業において耐震補強に使用する巻立て用の炭素繊維シートなど新素材は化学産業

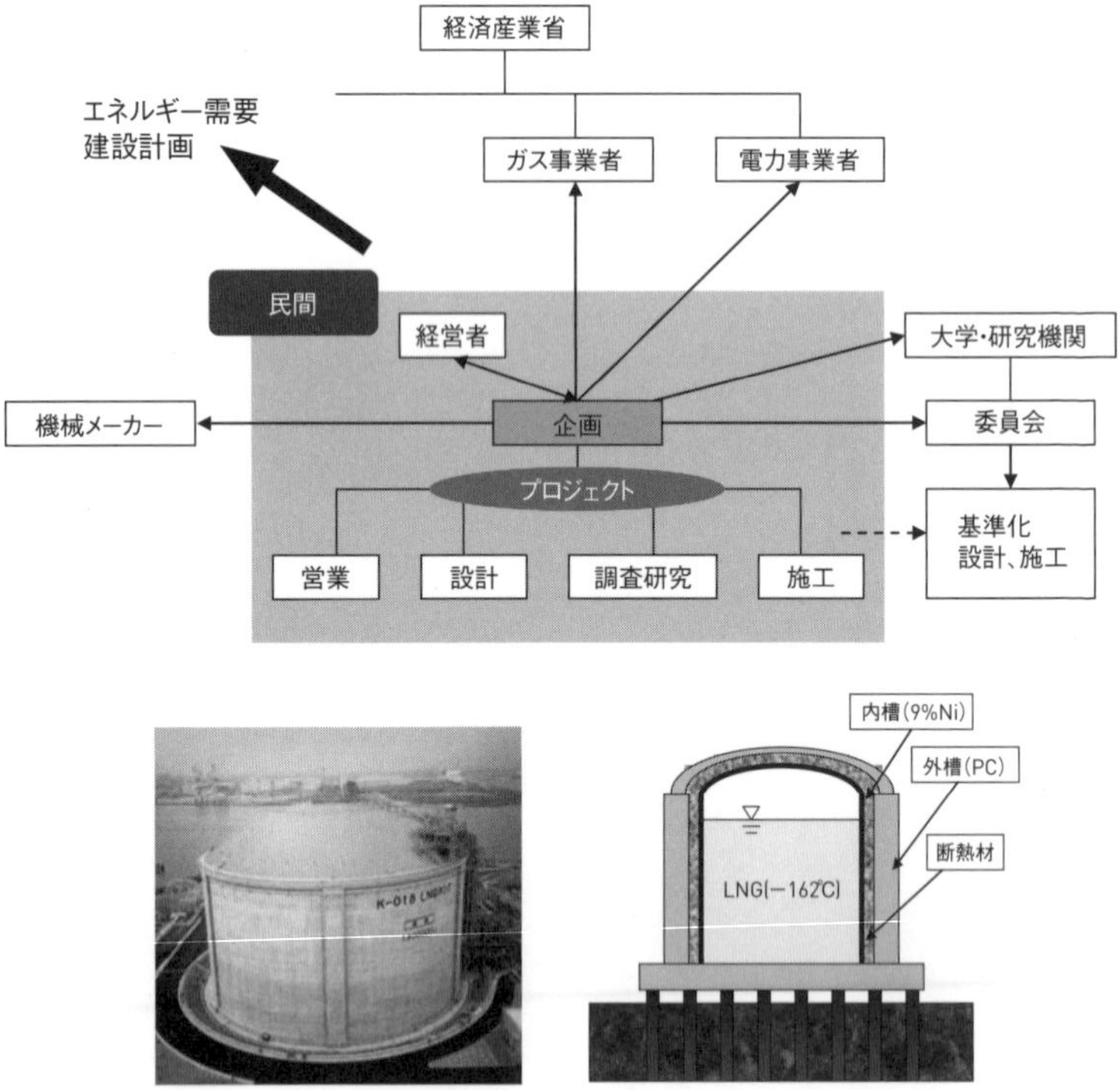

図5-5　PCLNGプロジェクトに見る企画者の役割

の製品である。鉄道事業者は、建設・維持管理工事を建設産業に発注する一方で、自社ビル新設も建設産業に発注する。

一方、海外に目を向けると、開発途上国のインフラ整備は近年加速しており、国際入札事業や、わが国政府の援助で実施するＯＤＡ事業も増えてきている。このように建設マーケットは多岐にわたっており、事業の拡大を考えるとき、国の関係省庁、自治体、産業界、そして海外の動向に絶えず目を配る必要がある。また、マーケットだけでなく、技術の導入についても海外の動向に注意する必要もある。

【2】ＰＣＬＮＧプロジェクトに見る企画者の役割

図5-5に示すＰＣＬＮＧ(プレストレストコンクリートＬＮＧ貯槽)プロジェクトを例に、企画者の役割を紹介する。

一九八〇年代当初は、第一次オイルショックを経てわが国はエネルギー備蓄が叫ばれた時代である。ＬＮＧ(Liquid Natural Gas：液化天然ガス)はクリーンエネルギーで燃焼効率も高く、マイナス一六二℃の極低温で液化備蓄することにより効率的な利用が図れる。一方、爆発性があるため、その貯蔵には特別な配慮が必要となる。貯蔵方式としては、地上式と地下式がある。地上式は漏洩対策上外周に防液堤が必要となり、地下式の場合には防液堤は不要である反面で工事費が高くなる。関東圏は鉄筋コンクリート製の地下式、関西圏は外周に鉄筋コンクリート防液堤を有する金属製地上式貯槽が採用される傾向にあった。この鉄筋コンクリート防液堤をＰＣ構造(外槽)とし、金属製貯槽(内槽)のすぐ外側に配置して貯液の安全性を二重に確保する(Double Integrity)形式が

ＰＣＬＮＧ貯槽である。隣接する貯槽間距離を短くとることができ、備蓄基地としての効率化が図れる。加えて、地下式貯槽に比べ建設費を抑えることができる。わが国ではそれまで採用実績がなく、実用化できれば全国に普及することが期待された。

この種の産業施設の所轄官庁は経済産業省（当時は通産省）である。経済産業省からの認可を得るには、保安上の基準を満たすために、設計・製作上の各種基準を整備する必要があった。そのためには、経済産業省の指導を仰ぎつつ、事業者―機械メーカー―建設会社のそれぞれの作業と連携が求められた。

この際の建設会社における企画者の役割について考える。ガス事業者への働きかけと機械メーカーとの調整後、構想案を作成する。この間、経済産業省担当者との調整も必要となる。構想案作成後、社内体制の整備が必要となる。設計・施工技術整備に向け、作業内容と社外委員会の立ち上げも必要となる。これらを明確にした後、社内的には経営者への説明了解を経て、社内プロジェクト案を作成する。営業―設計―調査研究―施工の各部門横断的なプロジェクトチームの立ち上げである。各組織間調整が必要となり、相当の準備と作業が求められる。作業開始後の事業者への報告・説明、外部委員会の運営と調整、そして経済産業省からの認可に向けての事業者支援など様々な業務が発生してくる。また、建設段階でも種々の試験・調査があり、資料作成・報告に向けての調整作業も必要となる。

今日、関西圏に留まらず、西日本のガス事業者がＰＣＬＮＧ貯槽を採用している。また、ガス事業者に留まらず電力事業者も、そして関東圏においてもこの形式を採用するに至っている。このようにして用意周到に企画され、実現を見た暁には、企画者の達成感は格別のものとなる。

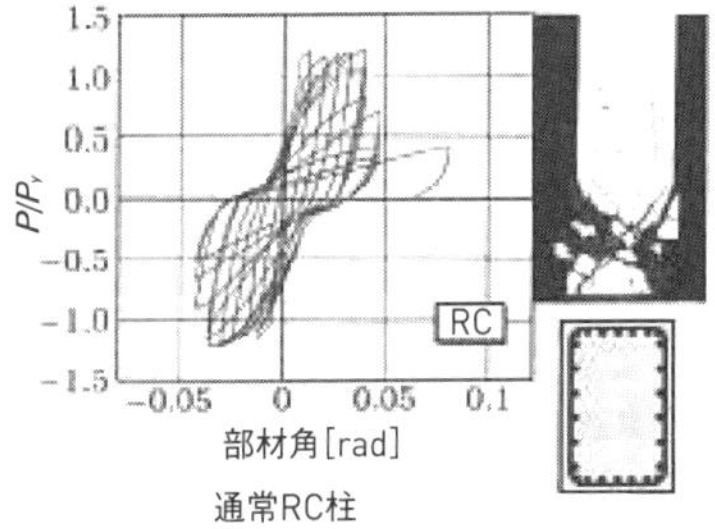

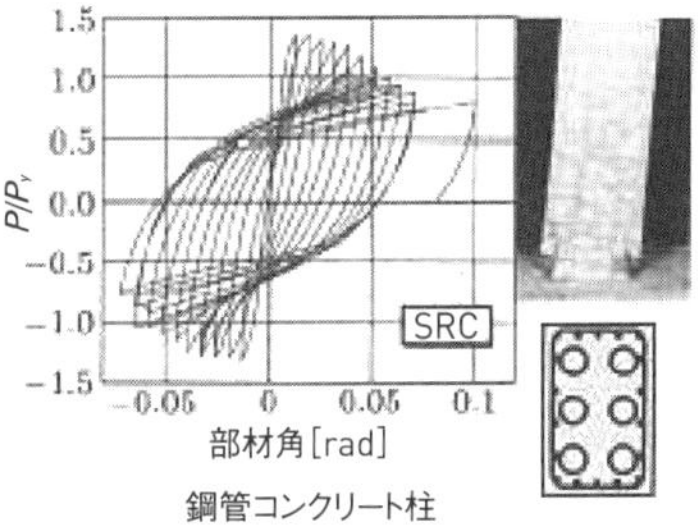

事業者担当部門

・開発責任者としての経験がない
・本物の構造か?
・研究所主体で出来るか?
・攻めの時か?

・特許:鉄筋コンクリート内部に中空鋼管を配置し、帯鉄筋としてPC鋼より線を巻き付けた複合構造
・鋼管・コンクリート複合構造橋脚設計マニュアル
・1996年度日本コンクリート協会技術開発賞

設計マニュアルがあると
誰でも任意の高橋脚が設計できる　→　普及

特許があると
同じ工法で他社は施工できない
技術賞
受賞技術に対する信頼を得る　→　差別化
受注優位

図5-6　鋼管コンクリート複合構造橋脚の開発

5-4 判断力と実行力

判断力とは、組織のあり方、仕事の進め方・取組みを分析し、提案される事柄が及ぼす効果を予測して、実行の是非を決定する力である。実行力は、判断してゴーサインを出せば躊躇せず前に進む力である。一般にはマネージャや経営者のマターであるが、一定範囲の仕事を任された担当者にも求められる能力である。判断から実行に至る流れは以下である。

・効果を予測する。
・実施に向けての作業内容とプロセスを予測する。
・それが可能であるか、そのタイミングであるかを熟考する。
・客観的に成立するなら、躊躇を超えて実行に踏み出す。踏み出したら戻らない。

【1】技術開発にみる主担当者の判断力と実行力

図5-6に示す鋼管コンクリート複合構造橋脚の開発を例に、民間技術開発者の判断力と実行力を紹介する。

東名・名神高速自動車道の利用台数は増加の一途を辿り、一九九〇年代初頭には第二東名・名神高速自動車道の建設計画が具体化していた。既設道の大半が海側に位置していることから、第二東名・名神高速自動車道は山側とならざるを得ず、わが国の急峻な地形状況では、その多くがトンネルと橋梁が連続する路線計画であった。特に、神奈川県や静岡県では高橋脚を有する橋梁路線が数多く計画された。建設投資が活発であり、鉄筋工や型枠工など職人工が不足し、省力化・

急速施工の叫ばれた時代であった。

このような背景の中、道路事業者側から民間建設会社に対し新形式高橋脚工法提案コンペが企画され、鋼管コンクリート複合構造高橋脚案が採用された。多柱の鋼管を先行して立ち上げ、柱頭部に設けた反力架台から作業架台と型枠を吊り下げ急速施工を実現するスリップフォーム工法であった。鋼管は鉄筋代替として利用し、また帯鉄筋には、高強度ＰＣストランドを外周スパイラル状に作業架台に設けられた回転台車により自動的に巻き上げていく工法である。しかしながら、この種の提案コンペは各地で数多く見られ、試験施工だけに終わりその後の普及につながらないものがほとんどであった。普及につなげるには施工の標準化、設計の標準化が必要になり、それだけのマンパワー投入や投資判断が困難なためである。設計の標準化という観点からみると、これまでこのような構造の例はなく、構造の優位性を示すとともに課題を解決し、その上で初めて設計マニュアル整備という高いハードルがあった。

このような背景の中、技術研究所の開発担当者は第二東名・名神高速自動車道の橋梁建設市場はターゲットになり得ることを確認した上で、模型を用いたパイロット試験を行い、本構造の特に耐震に関わる優位性を確認した。すなわち、鋼管による座屈抵抗性向上とスパイラル状に巻き上げたＰＣストランドの拘束効果により、耐震性は飛躍的に向上することを確信した。一方、プロジェクト組織に向けての本社の動きは鈍く、一技術開発部門の担当者としては「設計の標準化」はターゲットにできると考えた。その上で、第一段階としての民間自主研究、その次に来る第二段階としての道路事業者との共同開発、そして第三段階としてのマニュアル整備作業の三段階に分け、その際に発生する作業内容とマンパワーを予想し実施可能と判断した。なお、「施工の標準化」については本社関連部門の担当者が担い、相互に連携を取るという体制をとったのである。

第一段階の自主研究成果を道路事業者本社担当部門（新工法の採用決定部署）に持ち込み、調整後、第二段階である共同研究（想定される各種高橋脚の曲げ、せん断破壊実験と耐力、靭性評価法——実際は委託研究として実施）を行った。第二段階で得た成果を基に、学を中心に外部委員で構成される委員会の指導のもと、第三段階では鋼管コンクリート複合構造高橋脚設計マニュアルの作成を行ったが、その後約二年の追加解析作業等を経て、ようやく刊行をみたのは一九九九年であった。施工マニュアルと併せ、これらにより本工法は事業者の標準工法に採用されるに至った。採用に至った背景には、特許の共同化、技術開発の共同受賞などがある。これらにより、今日、第二東名・名神高速自動車道を中心に五〇橋梁、四〇〇橋脚を超える採用実績を得ている。

［余話］

上記は表の仕事を記したものであるが、実際の仕事は生やさしいものではない。第一段階の自主研究から多難であった。予算獲得で直属上司の理解が得られず、テーマ研究費確保は頓挫。そのため資金繰りに奔走する。実はこの段階で既に試験を開始しており、四〇〇〜五〇〇万の費用が発生していた。そこで、試験施工担当である事業者担当部門に掛け合い、委託研究として発注してもらうよう交渉したが失敗に終わる。仕方なく、本社設計関連部署のマネージャに技術開発費を確保してもらうよう交渉し、ようやく研究を継続する。上司の承諾を得ず研究実施したことは組織を無視した無謀行為であるが、当然首をかけた奔走である。

その後の話がある。断られた事業者担当部門から研究成果に委託費を出すという話がきた。断っておいて、良い成果が出ると金で買いにくるという発注者の殿様根性が許せなく、委託は受けないと断ると今度は本社から手が回り、上司がニコニコ顔で受けるようにと説得作業に来た。「自主研究まかりならん。金は出さない」と言ったのはあんたではなかったのかと、サラリーマンがいやになってしまった。

本項は判断力や実行力の必要性について客観的に記述しようとするものであるが、「躊躇を超えて実行に踏み出す。踏み出したら戻らない」は、実行力というより、実現に向けての意志力あるいは頑固さというべきかもしれない。やり方は多様である。

5-5　哲学

5-2節で触れたように、社会人としての哲学とは、社会・組織での自分の役割を認識し位置づけることである。したがって、一般社会や仕事場での言動の原理となる。

簡単な例を挙げると、「耐震設計によって立つ」という哲学を有する設計技術者は、他社に類をみない耐震設計技術やその判断力によって他社と差別化を図ることで会社に貢献しようとする。したがって、差別化の図れないような物件に対しては同様のエネルギーを投入しない。仕事に緩急をつける。仕事に立ち向かうスタンスが明確だからである。

しかしながら、専門分野のみの哲学で自分の役割を位置づけることは難しい。社会・組織とは人間によって構成されるからである。所属する社会や組織も複層化している。また、世代間の技術や知恵の伝承の問題もある。したがって、人間社会・人間組織での自分の役割を、時空間を越えて位置づけられる一貫した哲学が必要となる。

・命を与えられ、生かされている。
・自分を大切に、人を大切に。
・人には生きて事をなす役割がある。
・タスキを与えられ、走りぬき、タスキを渡していく。
・走りぬくことは自分のためだけではない。前の走者と後の走者に囲まれている。

第6章

国際舞台に向けて

今後、国際舞台への進出が必要である。わが国国土整備の現状と国内市場の動向を概観した後、蓄積してきた建設技術および国際貢献と海外市場の観点からその理由を述べる。さらに、海外市場参入に向けての課題を述べる。最後に、国際人材育成の必要性から若年時代における国際経験の重要性、そしてその一例である海外留学について述べる。

6-1　わが国国土整備の現状

【1】首都圏環状道路

図6-1に、海外大都市を含む首都圏環状道路の整備状況を示す。地域によって異なるが、直径は三〇～七〇キロメートルの範囲である。ワシントンDC、ロンドン、パリなどは環状道路内の人口や歴史の古さから言ってほぼ整備された状況にある。一方、整備の歴史が新しい北京やソウルも目覚ましい速度で整備されていることがわかる。これに対して、わが国の場合には東京外郭環状道路はおろか首都高速道路すら整備が完了していない。首都圏中央環状自動車道路内の人口二八〇〇万人や単位自動車数当たりの道路整備延長距離を考えるとき、わが国大都市圏の道路整備はいまだ遅れていると言わざるを得ない。

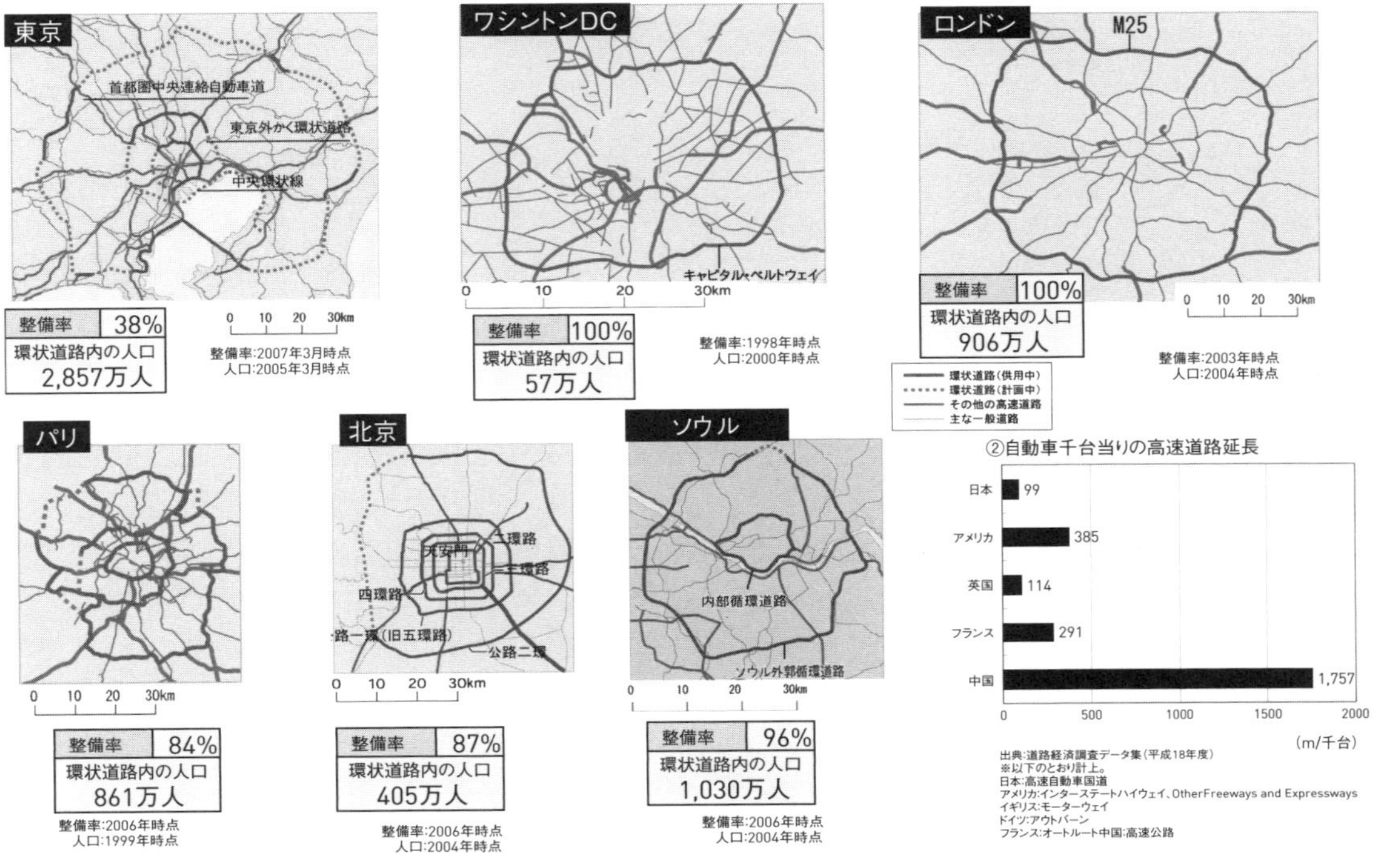

図6-1　大都市圏環状道路の整備状況　国土交通省:真に必要な社会資本整備と公共事業改革への取組(冬柴臨時議員提出資料)、平成19年5月8日(http://www5.cao.go.jp/keizai-shimon/minutes/2007/0508/item13.pdf)

コンテナターミナルの大水深岸壁の整備状況

各国の水深16m級の岸壁の供用・計画の状況

国名	港名	供用中（バース数）	計画、構想（バース数）	合計（バース数）	コンテナ取扱量（2005年、万TEU）
日本		3	6	9	1,578 (4)
	東京		1	1	360
	横浜	2	2	4	273
	名古屋	1	1	2	231
	大阪		1	1	180
	神戸		1	1	188
韓国		9	48	57	1,511 (5)
中国		18	112	130	8,855 (1)
台湾			5	5	1,279 (7)
シンガポール		13	17	30	2,319 (3)
アメリカ		5	3	8	3,852 (2)
フランス			12	12	384 (21)
ベルギー		19	5	24	789 (14)
オランダ		11		11	952 (11)
ドイツ		14		14	1,351 (6)
スペイン		12	9	21	917 (12)

（ ）内はコンテナ取扱量ランキング※国土交通省港湾局調べ（2006年4月時点）

コンテナターミナルの規模

（同縮尺で比較） 0 500 1,000m

（単一オペレーターの運営による区画を赤枠で表示）

ロッテルダム港・デルタターミナル

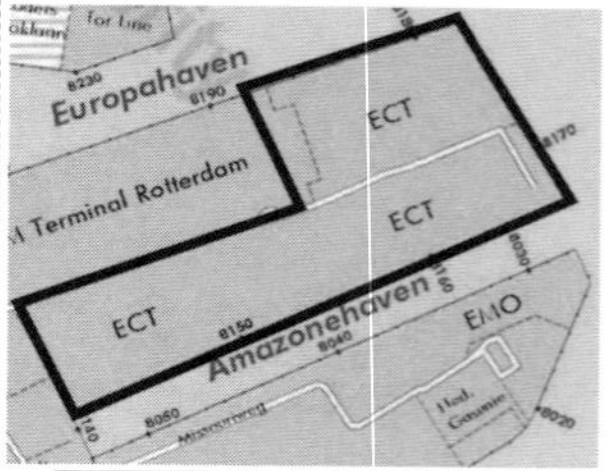

バース	3,600m
水深	-16.6m
ターミナル面積	236ha
ガントリークレーン	28基（18列以上対応）

シンガポール港・パシールパンジャンターミナル

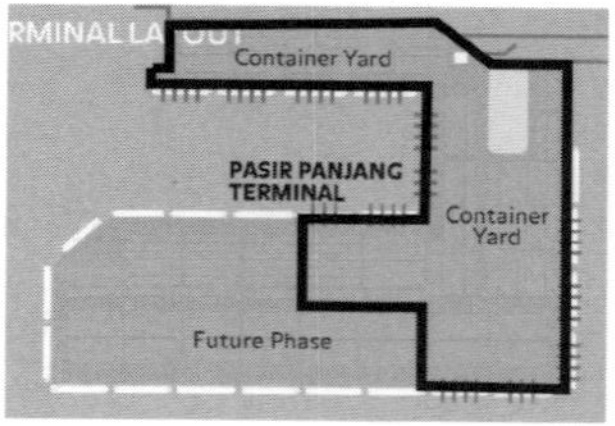

バース	4,630m
水深	-16.0m
ターミナル面積	177ha
ガントリークレーン	49基（18列以上対応）

横浜港・南本牧ふ頭

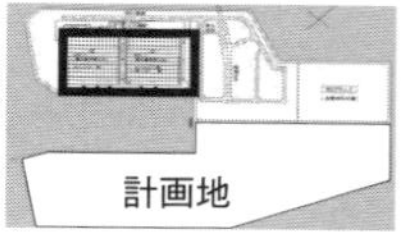

バース	700m
水深	-16.0m
ターミナル面積	35ha
ガントリークレーン	5基（22列対応）

ロングビーチ港・Pier T

バース	1,524m
水深	-15.2m
ターミナル面積	140ha
ガントリークレーン	14基（18列以上対応）

上海港・洋山コンテナターミナル

バース	3,000m
水深	-16.5m
ターミナル面積	-
ガントリークレーン	28基（18列以上対応）

図6-2　港湾施設の整備状況

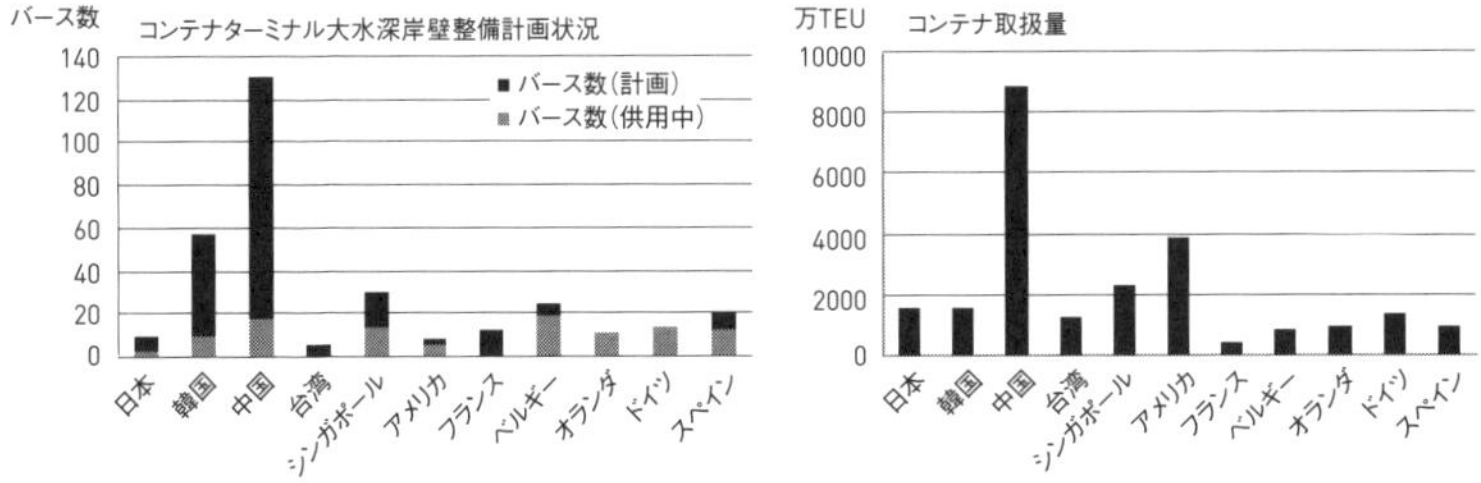

図6-3　コンテナターミナルの整備状況と取扱い実績。TEU (twenty-foot equivalent unit、20フィートコンテナ換算):コンテナ船の積載能力やコンテナターミナルの貨物取扱数などを示すために使われる、貨物の容量のおおよそを表す単位

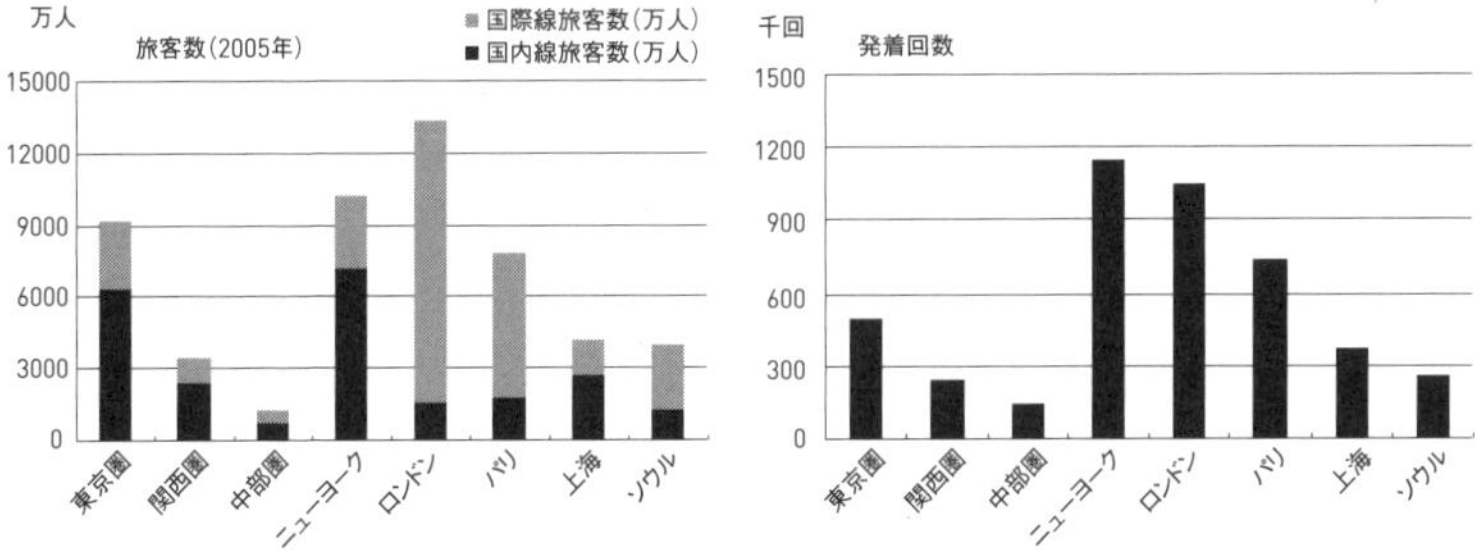

図6-4　大都市圏空港利用実績。東京圏 (成田＋羽田)、関西圏 (関空＋伊丹＋神戸)、ニューヨーク (J.F.ケネディ＋ラグアディア＋ニューアーク)など近隣空港合算。

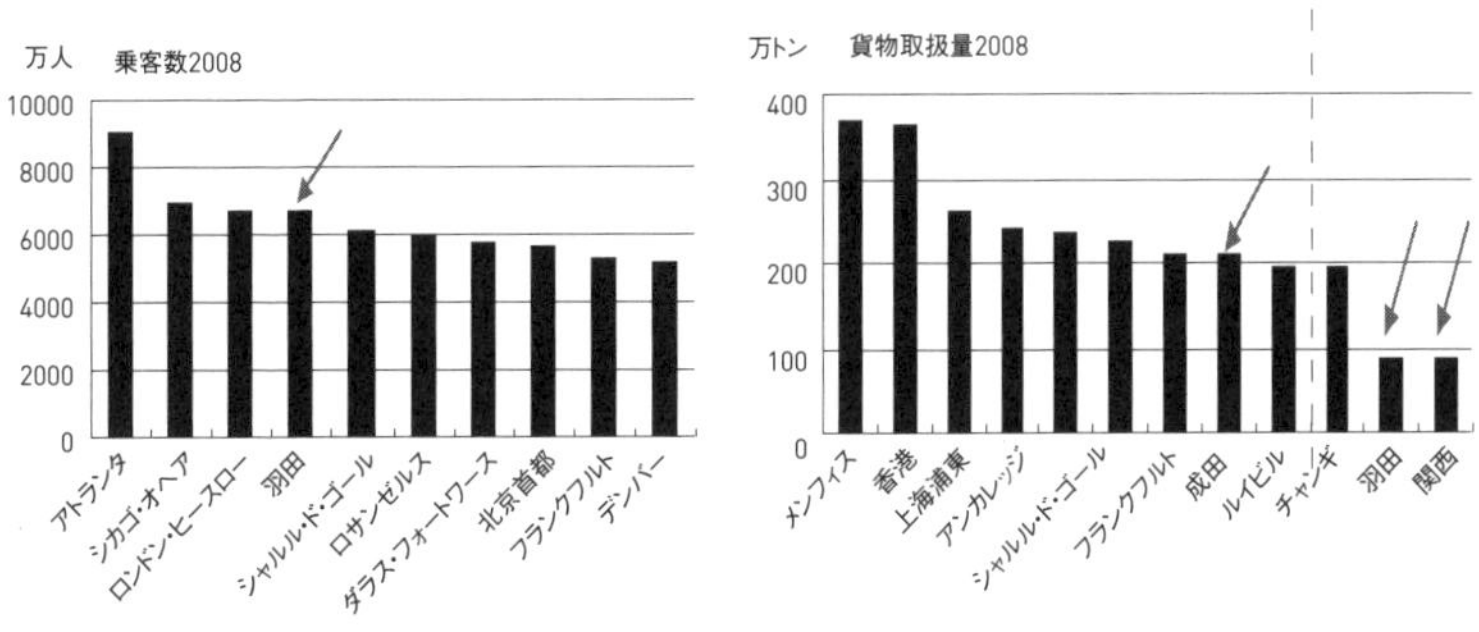

図6-5　空港利用実績(単一空港)

【2】港湾施設

図6-2に、海外主要港を含む横浜港コンテナターミナルの規模を示す。また、図6-3には、計画を含む大水深岸壁バース数とコンテナ取扱量を示す（二〇〇五年実績）*1。計画も含めた大水深岸壁バース数は中国、韓国、シンガポールが多い。また、コンテナ取扱量は中国、アメリカ、シンガポール、そして日本、韓国の順である。東アジアでは、中国、韓国、シンガポールが上位にあり、ハブ港湾の役割を果たしていることがわかる。このことは、とりもなおさず世界の生産拠点がこれらの東アジア諸国に移っていることを意味する。

【3】空港施設

図6-4に、わが国を含む大都市圏空港の二〇〇五年利用実績を示す（近接空港合算）*1。図より、ニューヨーク、ロンドン、パリ、東京、そして図にはない年間旅客数六五〇〇万人の北京は世界のビジネス拠点であることがわかる。ロンドン、パリで国際線旅客数が多いのは、EU内での利用の多いことが予想できる。

また、図6-5には、大都市単一空港の二〇〇八年利用実績を示す*1。乗客数についてはアトランタ、シカゴ・オヘア、ロサンゼルス、ダラス・フォートワース、デンバーと全一〇位中の五つを米国が占めており、ビジネス活動が圧倒的であることがわかる。欧州については、ロンドン・ヒースロー、シャルル・ド・ゴール、フランクフルトと各国一空港ではあるがEU全体として見るとき、米国に対抗し得る。一方、貨物取扱量については、米国はメンフィス、アンカレッジ、ルイビルと全一〇位中の三つを占める。香港、上海、仁川、チャンギ、ソウルと東アジア諸国も上位にあり、港湾施設同様、世界の生産流通拠点であることは容易に想像できる。

以上より、ビジネスは米国が圧倒的、次いでロンドン、東京、パリ、北京、フランクフルトが続く。アメリカはビジネス、生産流通機能が多極化、欧州はEUとして多極化している。このような点を考慮すると、わが国の場合、東京だけが唯一ビジネス拠点であることがわかる。

6-2 国内市場の動向

図6-6に、ピークである一九九二年以降二〇一〇年までの建設投資の推移を示す。黒の棒グラフは民間と政府建設投資の総和である全建設投資、グレーの棒グラフはこのうち政府建設投資である。ここに名目とあるのは、各年の実績であり価格変動の影響を考慮しない数値である(考慮したものは実質建設投資、実質GDP)。全建設投資はピーク時の八四兆円から二〇一〇年は三八・五兆円と四六%に、政府建設投資は一九九五年の三五・二兆円から一五・七兆円と四五%に低下している。GDP比については、全建設投資はピーク時の一七・四%から八・一%に、政府建設投資はピーク時の七・一%から三・三%に低下している。日本経済の低迷も主要因として考えられるが、社会インフラ整備がほぼ整った今日、公共投資政策変更によるところが大きい。

図6-7には、欧米の先進諸国を含む政府建設投資GDP比率の推移を示す。欧米の先進諸国

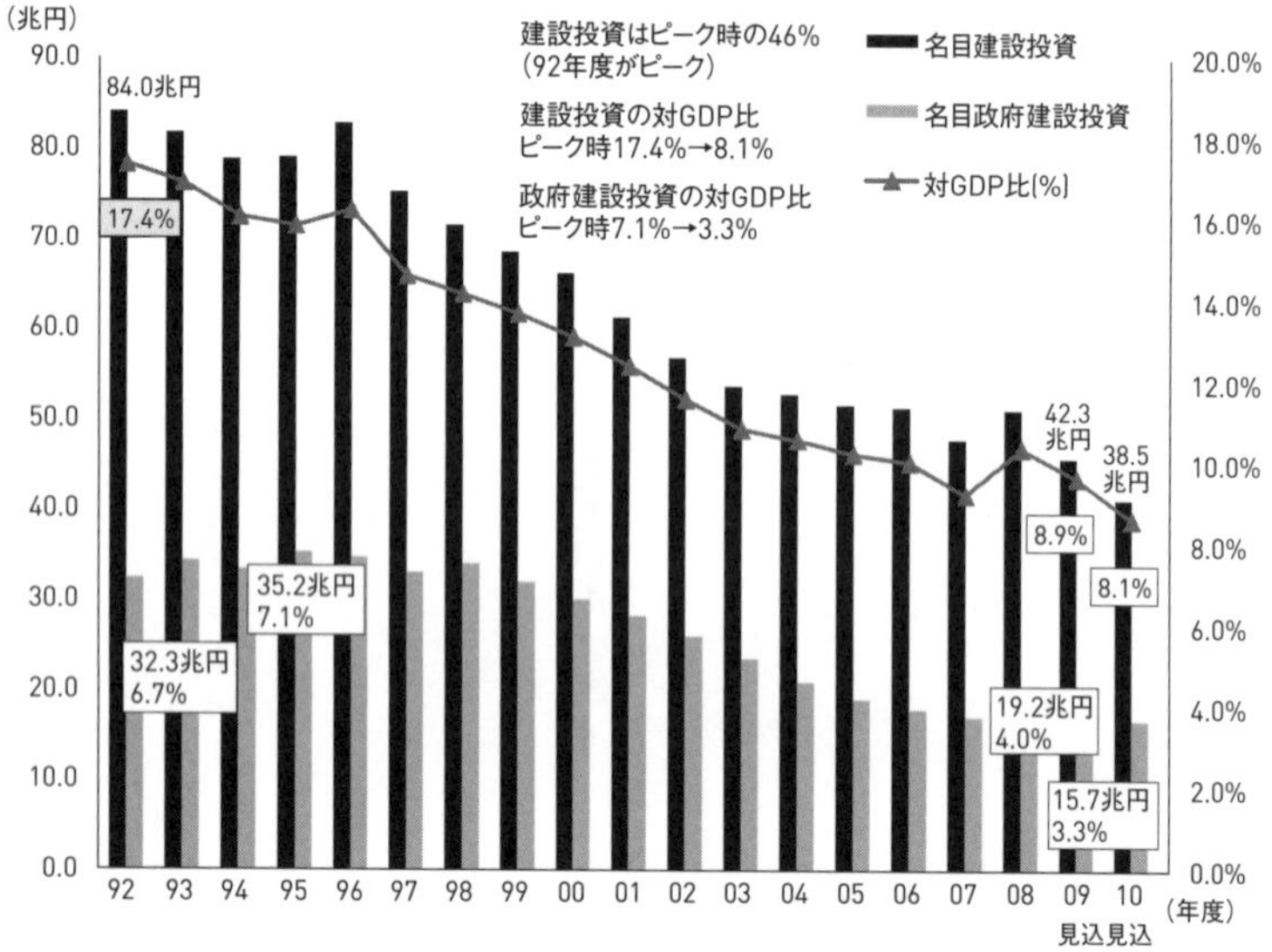

図6-6　わが国建設投資の推移(1992～2010年)。*2008年度までは、GDPは内閣府「国民経済計算」、建設投資は国土交通省「平成21年度建設投資の見通し」による。2009年度以降は、(財)建設経済研究所「建設経済モデルによる建設投資の見通し」による。(財)建設経済研究所:建設経済モデルによる建設投資の見通し、2010年4月(http://www.rice.or.jp/index.html)

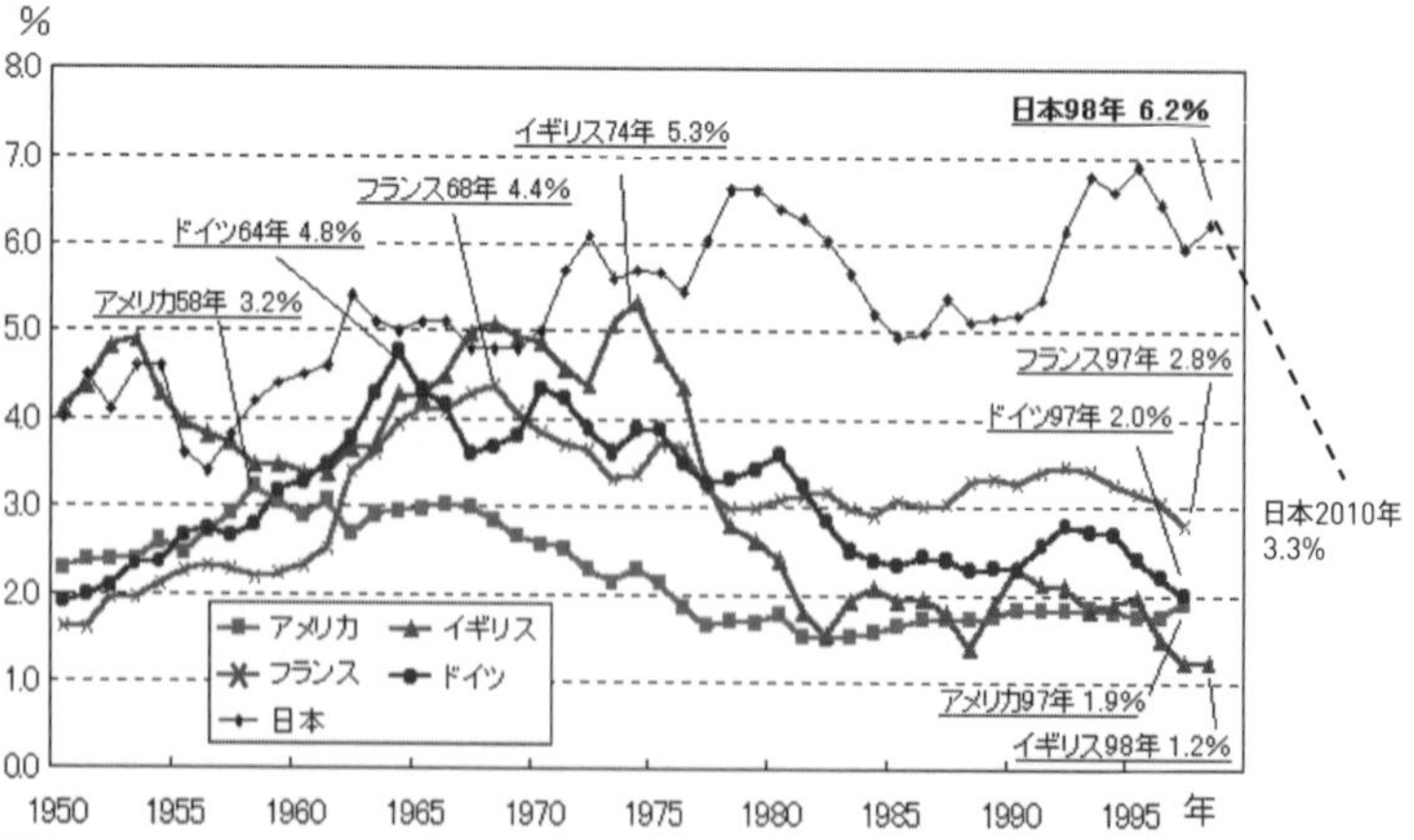

出所:『OECD National Accounts』(暦年ベース)、ドイツは90年以前は西ドイツ。日本については、1975年以降は、『国民経済統計年報』平成12年版及び昭和61年版の「公的支出の会計別明細表」における公的固定資本形成の「中央一般政府」「地方一般政府」「社会保障基金」項の合計、1974年以前に関しては『国民所得統計年報』昭和53年版の「国民総支出構成比」を使用。(年度ベース)

図6-7　政府建設投資のGDP比率の推移

では、ここ三〇年間二〜三%で推移している。そのような意味では、二〇一〇年の三・三%は欧米諸国並みの数字とも言える。

6-3　わが国の建設技術

日本は島国であるとともに、国土の約七三%を山地が占める。そのため日本の河川は、流路延長に比し川床勾配が急で一気に流れ下る。大陸を流れる川と比べたら滝のようなものであり、しかも多雨地帯にある。したがって、これまで多くの洪水被害を被ってきた。

また、日本列島はユーラシアプレート、北アメリカプレート、太平洋プレート、フィリピン海プレートの四つのプレートがせめぎ合う境界域にあり、造山活動が活発な環太平洋造山帯に含まれている。そのため、火山活動が頻繁であることに加え、地震活動も盛んな地震大国でもある。さらに、国土全体を縦横に活断層が走っており、都市を大地震が直撃する可能性も高い。

そのような自然環境の中で、人口の五割が国土の一四%ほどの平野に集中している。特に東京、大阪、名古屋を中心とする三大都市圏に日本の全人口の五割弱が集中し、その結果、都市インフラが錯綜して建設されてきた。また、これらの大都市は湾岸に位置することから、多数の埋立てにより都市機能の拡大も図られてきた。**図6-8**に示すように、このような状況の中で蓄積された都市の建設技術と品質の高さ、そして防災技術の高さは世界に類を見ない。

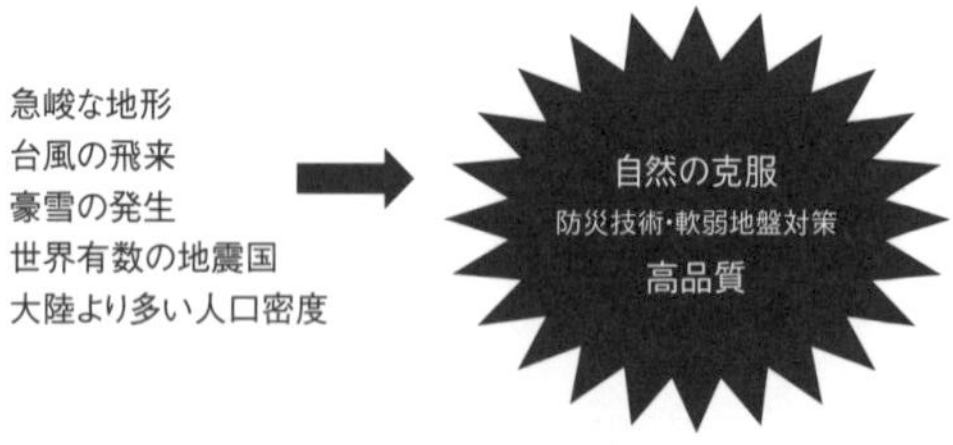

図6-8　わが国を取り巻く自然環境と固有の技術力

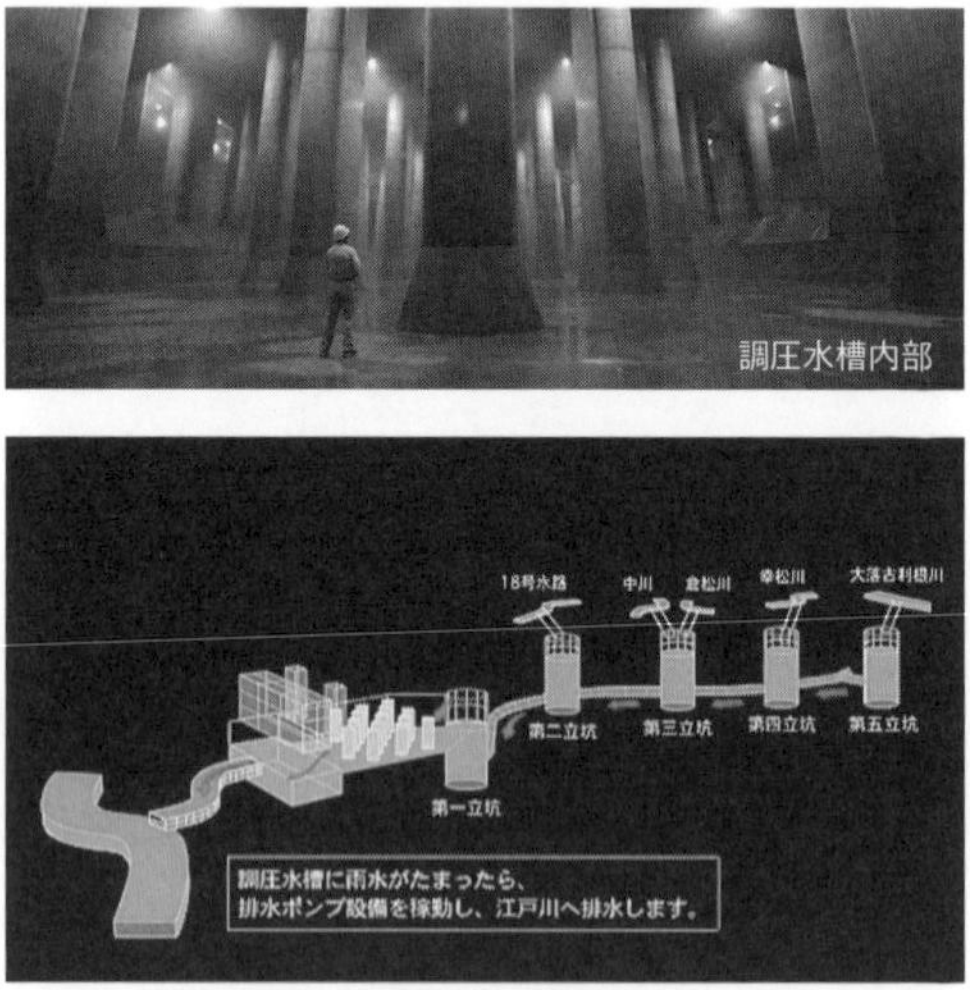

図6-9　洪水対策施設—首都圏外郭放水路（国土交通省江戸川河川事務所　http://www.ktr.mlit.go.jp/edogawa/project/g-cans/frame_index.html）

図6-9〜図6-11には、これらの技術の例を示す。

図6-9の首都圏外郭放水路は、国道一六号線の地下約五〇メートルに建設された延長六・三キロメートルの放水路である。各河川から洪水を取り入れる流入施設、地下の貯水施設、流下する地下水路、そして調圧水槽を経て洪水を排出する排水機場等で構成されている。世界最大級の洪水制御地下河川といえる。

図6-10は、都心部の鉄道や地下鉄、建築物を掻い潜って高速道路を建設する技術であり、既

設施設に影響を与えることのないよう精度の高い施工および施工管理技術が求められる。また、図6-11は、既設のシールドトンネル上部を切り開いて新たに地下トンネルを建設する技術である。このようにして蓄積された都市インフラ建設技術の高さは、世界に比類のないものといえる。

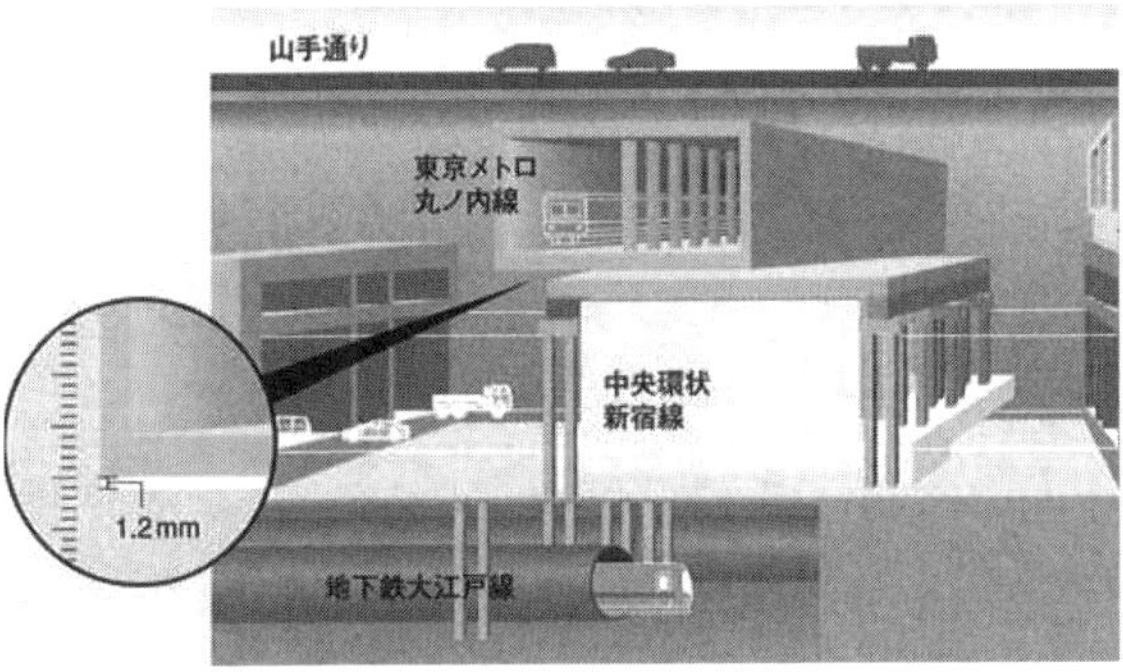

図6-10　近接施工技術（首都高速道路（株）http://www.tech-shutoko.jp/create/kinsetsu.html）

図6-11　シールドの切り開き施工技術（首都高速道路（株）http://www.tech-shutoko.jp/create/shield.html）

6-4　国際貢献と海外市場

図6-12に、二〇〇八年度のＯＤＡ分野別配分を示す*2。ここに、ＯＤＡ（政府開発援助：Official Development Assistance）とは、国際貢献のために先進工業国の政府および政府機関が発展途上国に対して行う援助や出資のことをいう。全体は一八四億ドルであり、わが国国家予算の二〜三％程度ではあるが、水・衛生、エネルギー、運輸・貯蔵、環境保護の合計はその四七％に達し、都市インフラ関係への支援額は半分程度を占めていることがわかる。

一方、**図6-13**には、わが国建設業のアジア主要国における発注者別受注高を示す。韓国や中

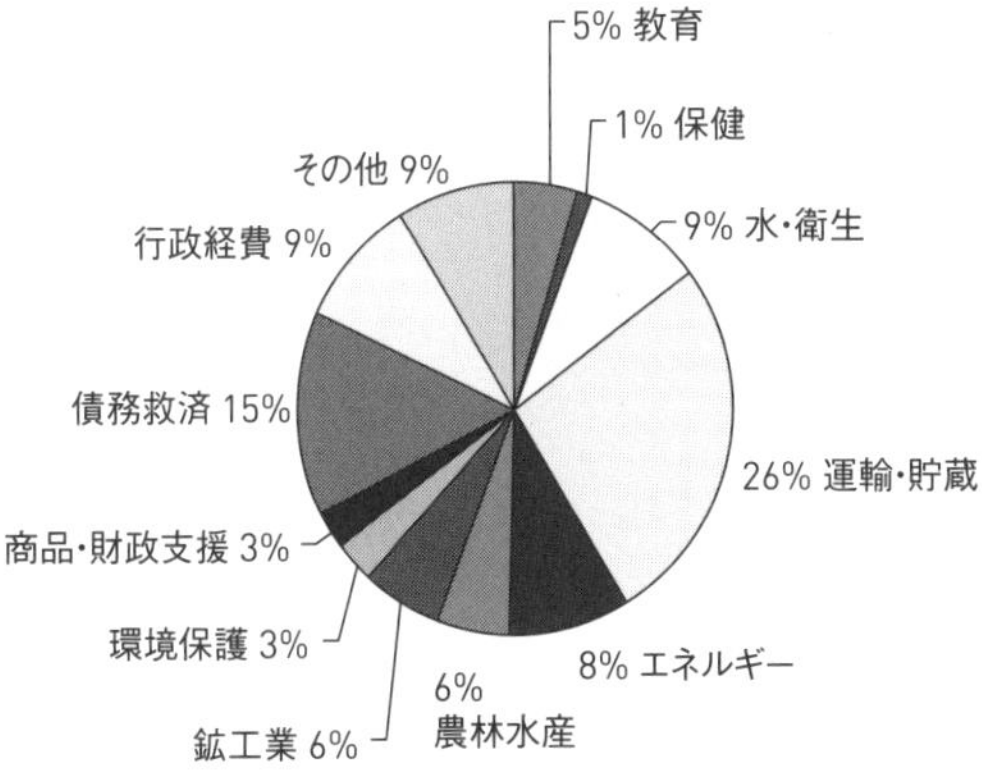

図6-12 ODA分野別配分(2008年度)

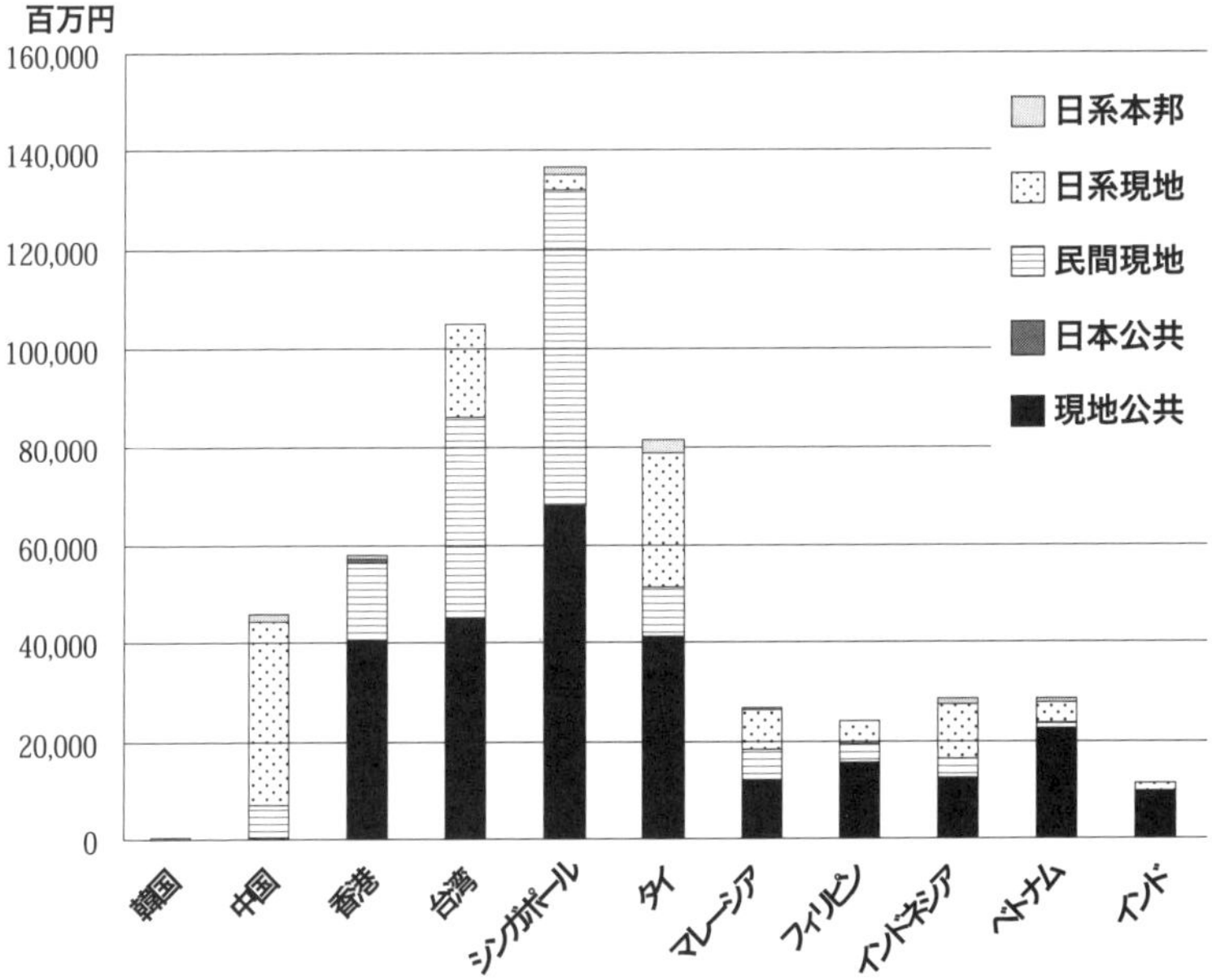

図6-13 わが国建設業のアジア主要国における発注者別の受注高(国土交通省HP—国際建設交流 我が国建設業の海外市場戦略検討委員会報告書、平成18年3月)

国で現地事業を受注することは難しいようであるが、シンガポール、台湾、香港、タイ、マレーシア、ベトナム、インドなどでは現地公共事業の受注も大きな比率を占めている。タイ、マレーシア、ベトナム、インドなどの開発途上国では、上下水道、交通輸送施設などの都市インフラ整備が今後一層増加する傾向にあり、わが国の高度な技術をもって支援する役割があるとともに、大きな市場としても期待できる。その他、中近東諸国やアフリカもわが国にとって支援の対象であり、市場としても発展が期待される。

6-5 海外市場参入に向けての課題

しかし、これらの開発途上国市場に長年参入してきた欧米諸国に比べ、わが国は必ずしも成功を収めていない。ＯＤＡ事業は日本政府出資であり、海外市場参入ではない。成功のためには民間の活動に頼らざるを得ない。このような中、今後に向け、以下の課題が指摘されている*3。

［建設業として取り組むべき課題］

① 長期的市場浸透戦略（特に中国、インド）

② 「受注量」から「収益性」追求型へ：わが国では受注が尊重される傾向にあるが、海外工事では採算がとれないケースが多い。

③ 技術力、工期遜守、誠実性が発揮できる案件、顧客への資源投入：日本の長所を活かした市場への参入。

④ ローカル人材、ローカル企業、資材調達網：中国などではビジネスは人脈に依存するケースが多く、その意味でローカル人材、ローカル企業の活用が必要となる。

⑤ 事業提案、ファイナンス、管理運営までを視野に入れた付加価値ビジネス：わが国のように事業遂行のための仕組みや組織がなく、事業提案・資金調達・管理運営までを視野に入れたビジネスが必要となる。しかしながら、わが国はＤＢ(Design & Build)やＢＯＴ(Build, Operation & Transfer)発注方式に慣れていない。

⑥ 国際人材育成：若い時代から現地に浸透していく国際人材の育成が求められる。

［日本政府として取り組むべき課題］

① 開発途上国政府担当者の能力向上に向けての施策や技術協力。

② 投資、許認可に関わる不当な制度撤廃、緩和交渉：中国などでは日本企業の参入が困難な入札制度となっており、改善に向けて政府間交渉が必要となる。

③ 現地リスク(発注者との契約、支払いなど)に対するサポート：開発途上国では発注者が契約・支払い能力の不安定なケースがある。国家間での契約支援や日本政府支援があればリスクは低減でき、現地市場への積極的な取組みが可能となる。

④ 海外での事業機会を創出する施策推進：政府間の事業計画などは日本建設業の市場参入を支える。

6-6 若年時代の国際経験

前節で今後、現地に浸透していく国際人材の育成が必要であると書いた。就職して後、海外派遣、海外勤務の機会も増えてこよう。しかしながらそれ以前の、吸収力があり、かつ多感な若年時代に国際経験を積むことは、以下の観点から大変重要である。

① 語学力の向上
② 国際規模での仕事や勉強、研究の機会
③ 異文化、異質の価値観に触れる
④ 外側から日本を見る

この中で最も重要なものは、③と④である。価値観の多様性や世界観などその後の人間形成に大きな影響を与えるからである。

国際経験の方法には、市民活動や団体活動の一環として国際貢献やボランティア活動に参加することと留学がある。なお、個人的に現地でアルバイトしながら学ぶ機会も増えてきているようであるが、相当の意志力のある人を除いて長期の観光旅行に終わるケースが多く、良い方法ではない。国際貢献やボランティア活動は開発途上国が対象となる場合が多く、上記①と②の達成は難しいが、③と④の観点では大きな成果を得る機会になる。

以下、アメリカの留学制度について解説する。

留学の場合、学生として滞在する場合とVisiting Scholar（客員研究員）として滞在する場合がある。後者は一定の研究実績が必要であり、社会人や大学研究者が対象であり一般的でない。学生として滞在する場合には、Under Graduate（学部）とGraduate（修士課程）、そしてＰｈＤ（博士課程）コースの三ケースがある。日本の大学受験のような制度は採っておらず、それまでの成績が重要視されるので、受験する大学を間違えなければ入学自体はさほど困難なものではない。留学生の場合には、語学試験（ＴＯＥＦＬ）のスコアと元の国での成績によって判定される。もっとも、ＴＯＥＦＬスコアの合格基準は受験する大学ランクによって異なる。日本の大学を卒業あるいは大学院修了後に受験する場合には、Graduateコースが一般的である。授業料は州立大学の場合、年間一万五〇〇〇ドル前後である。日本とは異なりＰｈＤコースに進む学生は比較的多い。奨学金制度もあるが、特定の教授について研究することになり、教授の研究プロジェクトからのFundを受けられる可能性もある。ＰｈＤの資格取得は就職の際にもインセンティブとして考慮される。日本の状況とは大きな違いがある。

6-7　海外大学の教育プログラム

本節では、ＮＲＣ（National Research Council）が行った二〇一〇年度の大学院教育プログラム評価において、全米ランキング一位となったカリフォルニア大学バークレー校（UC Berkeley）土木環境工学科における教育プログラムについて紹介する*4。

図6-14に示すように六つのコースがある。1. Engineering and Project Management（建設工学とプ

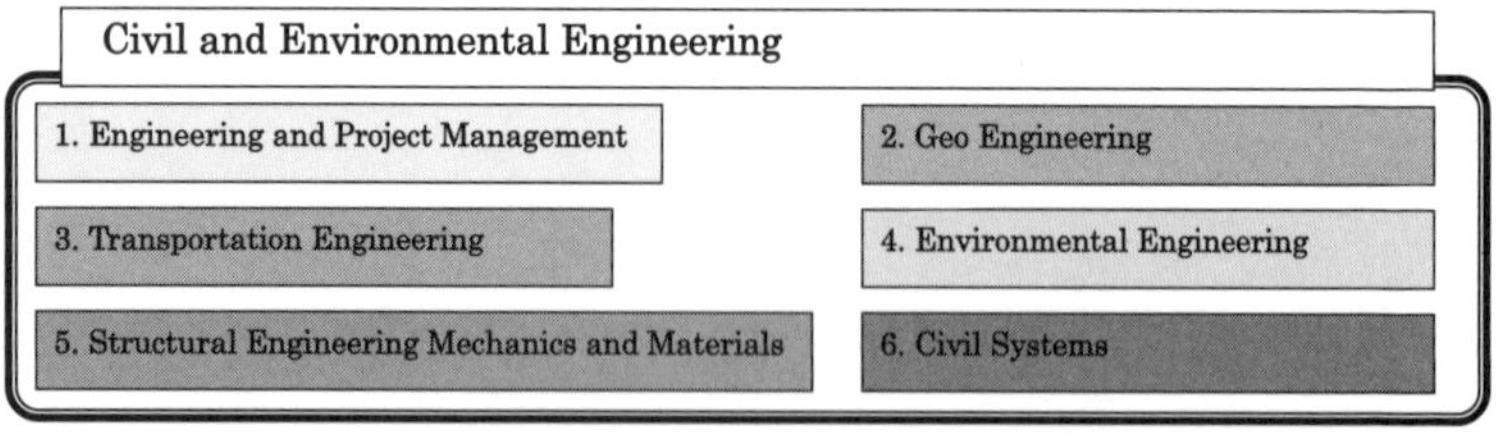

図6-14　UC Berkeley土木環境工学科のコース(http://www.ce.berkeley.edu/epm/)

ロジェクトマネジメント)、2. Geo Engineering(地盤工学)、3. Transportation Engineering(交通工学)、4. Environmental Engineering(環境工学)、5. Structural Engineering Mechanics and Material(構造工学、固体力学と材料工学)、そして6. Civil System(シビルシステム)からなっている。

2〜5のコースはわが国にもある標準的なコースである。1は建設プロジェクトでの施工管理や技術に関わるもので、特に建設現場を目指す学生のためのコースであり、主要大学の土木工学科には従来から設けられている。6のCivil Systemは近年設けられたコースであり、社会システムの多様性や複雑性による課題解決を図るために設けられた新設コースである。ここでいう社会システムとはハード、ソフト、環境(生物的・植物的・物理的・情報)、人間、社会・組織、金融とそれらの相互局面から構成される。また、多様性や複雑性による課題とは、労働の流れ、建物機能の互換性、インフラ施設のセキュリティ、有機物質被害低減ネットワーク、持続可能エコシステムである。

【1】学部専門科目

図6-15に、受講が推奨されている科目を示す。左側の科目名はCivil(構造、地盤、プロジェクトマネジメント)、Environment, Transportationおよび共通に分けて、それぞれ関連の深い科目として示した。全体

提供	Courses	Learning Goals / 学習目標	1 Apply 適用能力	2 Experiment 実験能力	3 Design 設計能力	4 Teamwork 組織機能	5 Solve 解決力	6 Ethics 技術倫理	7 Convey コミュニケーション	8 Impact 解決策認識	9 Learn 生涯学習	10 Aware 現状認識	11 Use tools ツール駆使
Common	E7		大	小	小		大	小	小	小	小		大
	E10		小	小	大	大	小	大	小	小	小	大	小
	CE11	Engineered Systems and Sustainability	大		小	小	大	大	小	大	大	大	大
Civil	CE C30	Introduction to Solid Mechanics	大				大		大	大			
	CE60	Structure and Properties of Civil Engineering Materials	大	大	小	小	小	小	小	小	大	小	大
	CE70	Engineering Geology	小			小	小	小	小	大	大	大	大
Common	CE92	Introduction to Civil and Environmental Engineering.						小				小	
	CE93	Engineering Data Analysis	大	小	小		大		大		小	小	大
Civil	CE100	Elementary Fluid Mechanics	大	大			小		小	小	小		小
	CE103	Hydrology	大	小	小	小	大		小	小		大	大
Environmental	CE111	Environmental Engineering	大	小	小	小	大	小	小	大	小	大	大
	CE112	Environmental Engineering Design	大		大	大	大	大	大	大	小	小	小
Civil	CE120	Structural Engineering	小		小	小	小	小	小	小	小	小	小
	CE122	Design of Steel Structures	大		大	小	大		大			小	大
	CE123	Design of Reinforced Concrete Structures	大	小	大	小	大	小	小	小	小	大	小
	CE130	Mechanics of Structures	大	小	小	小	大	大	大	大	大	大	大
Transportation	CE153	Design and Construction of Transportation Facilities	大		大	大		小	大	小		大	
	CE155	Transportation Systems Engineering	大	小	小	小	大	小	小	大	大	大	大
Common	CE167	Engineering Project Management	小	小	小	小	大	大	小	大		大	小
Civil	CE175	Geotechnical and Geoenvironmental Engineering	大	小	小	小	大	小	大	大	小	小	小
	CE177	Foundation Engineering Design	大		大		大	大	大	大	大	大	大
Common	CE180	Construction, Maintenance, and Design of Civil and Environmental Engineered Systems	大	大	大	大	大	大	大	大	大	大	大
	CE191	Civil and Environmental Engineering Systems Analysis	大				大		小	小			大
	CE192	Engineering Risk Analysis						大		大	小		大

図6-15　UC Berkeley土木環境工学科の学部専門科目

大：学習目標カバー大　小：学習目標カバー小

としてはCivilおよび共通が多い。横軸は土木環境工学科の学習目標に対して各科目との関連を示し、学習目標を大きくカバーするものは濃いグレーで、中程度のものは薄いグレーで示されている。なお、学習目標は以下の一一項目である。

①　数学、科学、工学知識の適用能力(Apply)
②　データの分析・処理および実験計画・実施能力(Experiment)
③　与えられた課題に対し全体、部分、そしてそれらを関連づける設計能力(Design)
④　組織的活動で役割を果たせる能力(Teamwork)
⑤　工学的課題を特定し、数値化し、解答を見つけられる能力(Solve)
⑥　技術倫理への理解(Ethics)
⑦　コミュニケーション能力(Convey)
⑧　社会における工学的解決策重要性の理解(Impact)
⑨　生涯学習能力と必要性認識(Learn)
⑩　最新課題の認識(Aware)
⑪　実務に向け最新の技術やツールを駆使する能力(Use tools)

なお、大学院進学のために各コースが指定する必修科目を図6-16に示す。1. Engineering and Project Managementでは、材料、建設、プロジェクトマネジメントなどが中心科目となっている。2. Geo Engineeringでは、地盤工学の基礎は勿論、地盤水理、土壌環境など環境との境界領域科目も指定されている。3. Transportation Engineeringでは、交通政策・計画、交通施設運用および交通システムがコア科目に指定されている。4. Environmental Engineeringでは、流体力

1. Engineering and Project Management

1. Concrete Materials and Construction
2. Construction Engineering
3. Engineering Project Management
4. Web-based Systems for Engineering and Management
5. Database Systems for Engineering and Management
6. Visualization and Simulation for Engineering and Management
7. Construction, Maintenance, and Design of Civil and Environmental Engineered Systems

2. Geo Engineering

1. Engineering Geology
2. Energy, Ecosystems & Humans
3. Introduction to Geological Engineering
4. Introduction to Rock Mechanics
5. Groundwater and Seepage
6. Environmental Geotechnics
7. Foundation Engineering Design
8. Applied Geophysics
9. Pavement Engineering

3. Transportation Engineering

Core Courses

1. Transportation Policy, Planning and Development
2. Operation of Transportation Facilities
3. Systems Analysis in Transportation

4. Environmental Engineering

1. Elementary Fluid Mechanics
2. Fluid Mechanics of Rivers, Streams, and Wetlands
3. Hydrology
4. Climate Change Mitigation
5. Air Pollutant Emissions and Control
6. Indoor Air Quality
7. Environmental Engineering
8. Environmental Engineering Design
9. Environmental Microbiology
10. Water Chemistry
11. Environmental Aqueous Geochemistry
12. Groundwater and Seepage
13. Waste Containment Systems
14. Engineering Risk Analysis

5. Structural Engineering Mechanics and Materials

1. Design of Steel Structures
2. Design of Reinforced Concrete Structures
3. Structural Design in Timber
4. Advanced Mechanics of Materials
5. Concrete Materials and Construction
6. Engineering Risk Analysis

6. Civil Systems

1. Civil Systems: Control and Information Management
2. Sensors and Signal Interpretation
3. Control and Optimization of Distributed Parameters Systems
4. Structural and System Reliability
5. Human and Organizational Factors: Quality and Reliability of Engineered Systems
6. Civil Systems and the Environment
7. Business Fundamentals for Engineers
8. Transportation Policy and Planning

図6-16　UC Berkeley土木環境工学科における大学院進学のための学部必修科目

学、水理学、大気・空気質汚染制御、環境工学・設計やリスクアナリシスなどが指定されている。5. Structural Engineering Mechanics and Materialでは、鋼・RC・木構造の設計、材料・施工、およびリスクアナリシスが、6. Civil Systemsでは、情報制御とマネジメント、信頼性工学、人間・組織社会の信頼性システム、環境と社会システム、および交通政策・計画などが指定されている。

【2】大学院専門科目

図6-17には、大学院各コースで提供される科目を示す。各コースにおける特徴的な科目は以下である。

1　Engineering and Project Management：法規法令、リーダーシップとチームワーク、ビジネスの基本、人間組織とリスク評価、テクノロジーとサステナビリティ

2　Geo Engineering：多層流基礎、地球科学の数学的・数値解析、地盤環境、地盤物理への電磁気の応用

3　Transportation Engineering：交通施設の設計・施工、ITシステム、空輸と空港運用、交通経済、物流

4　Environmental Engineering：地盤・水理統計、水道システムの計画と運用、物理的・化学的・生物学的環境プロセス、産業廃棄物のマネジメント、大気汚染モデル、リスク評価とマネジメント

5　Structural Engineering Mechanics and Material：非線形構造解析、地震応答解析、構造の信頼性工学、材料の微視構造、鋼構造の挙動と塑性設計

6　Civil Systems：インフラ構造物と環境の連成解析、リスク解析、インフラシステムの情報マネジメント、センサーと信号の相互関係、システム信頼性、人間・組織社会の信頼性システム

参考文献

＊1　国土交通省「真に必要な社会資本整備と公共事業改革への取組（冬柴臨時議員提出資料）」、平成一九年五月八日、www.mlit.go.jp/singikai/koutusin/koutu/planning/8/images/s05.pdf

＊2　外務省国際協力政府開発援助ODA、二〇〇九年版 政府開発援助（ODA）白書、http://www.mofa.go.jp/mofaj/gaiko/oda/shiryo/index.html

＊3　国土交通省「国際建設交流　我が国建設業の海外市場戦略検討委員会報告書」、平成一八年三月、http://www.mlit.go.jp/sogoseisaku/economy/index_j.html

＊4　UC Berkeley Civil and Environmental Engineering、http://coe.berkeley.edu/departments/civil-and-environmental-engineering.html

1. Engineering and Project Management

1. Load Engineering
2. Lean Construction Concepts and Methods
3. Lean Construction and Supply Chain Management
4. Law for Engineers
5. Civil Systems and the Environment:
6. Management of Technology: Engineering Leadership and Teamwork
7. High-Tech Building and Industrial Construction
8. Advanced Project Planning & Control
9. Business Fundamentals for Engineering
10. Human and Organization Factors: Risk Assessment and Management of Engineered Systems
11. Construction, Maintenance, and Design of Engineered Systems
12. Strategic Issues of the Engineering Construction Industry-Management of Complex Projects:
13. Managing the Improvement Process in Engineering-Driven Organizations
14. Technologies for Sustainable Societies
15. Technology and Sustainability:
16. Graduate Research Seminar:
17. Individual Research or Investigation in Selected Advanced Topics

2. Geo Engineering

1. Fundamentals of Multiphase Flow in Earth Systems
2. Mathematical and Numerical Methods in Earth Sciences
3. Advanced Geomechanics
4. Elastic Signal Interpretation for Engineering Material Characterization
5. Numerical Modelling in Geomechanics
6. Advanced GeoEngineering Testing and Design
7. Environmental Geotechnics
8. Geotechnical Earthquake Engineering
9. Advanced Foundation Engineering
10. Engineering Geology
11. Seismic Methods in Applied Geophysics
12. Gravity and Magnetic Methods in Applied Geophysics
13. Electromagnetic Methods in Applied Geophysics
14. Electrical Methods in Applied Geophysics
15. Digital Data Processing
16. Advanced Topics in Geological Engineering
17. Advanced Topics in Geotechnical Engineering
18. GEOE Graduate Seminar
19. Advanced Topics in Electrical and Electromagnetic Methods
20. Advanced Topics in Seismology
21. Petroleum Capstone Design

図6-17(a)　大学院提供科目(Engineering and Project Management & Geo Engineering)

3. Transportation Engineering

1. Transportation Policy, Planning and Development
2. Operation of Transportation Facilities
3. Systems Analysis in Transportation
4. Design and Construction of Transportation Facilities
5. Transportation Systems Engineering
6. Infrastructure Planning and Management
7. Intelligent Transportation Systems
8. Highway Traffic Operation
9. Public Transportation Systems
10. Air Transportation
11. Operations of Transportation Terminals
12. Selected Topics in Air Transportation
13. Transportation Economics
14. Logistics
15. Transportation Infrastructure Management
16. Analysis of Transportation Data
17. Behavioral Modeling for Engineering, Planning, and Policy Analysis
18. Advanced Topics in Transportation Theory
19. Transportation Planning
20. Transportation Management and Planning
21. Traffic Safety and Injury Prevention
22. Transportation and Land Use Planning
23. Transportation Finance
24. Individual Study

4. Environmental Engineering

1. Environmental Fluid Mechanics
2. Numerical Modeling of Environmental Flows
3. Vadose Zone Hydrology
4. Geostatistics and Stochastic Hydrology
5. Surface Water Hydrology
6. Load Engineering.
7. Planning and Management of Environmental and Water Systems
8. Hydrologic Mixing Processes
9. Control of Water-Related Pathogens
10. Environmental Physical-Chemical Processes
11. Environmental Biological Processes
12. Wastewater Treatment Engineering II.
13. Environmental Analytical Chemistry.
14. Process Engineering Laboratory.
15. Hazardous and Industrial Waste Management
16. Environmental Chemical Kinetics.
17. Air Quality Engineering
18. Air Pollutant Dynamics
19. Air Pollution Modeling
20. Contaminant Transport Processes.
21. Structural Analysis Theory and Applications
22. Dynamics of Structures.
23. Interpretation of Transit Acoustic Signals
24. Environmental Geotechnics
25. Engineering Geology
26. Risk Evaluation and Management of Engineered Systems
27. Risk Evaluation and Management of Engineered Systems
28. Watersheds and Water Quality.

図6-17(b)　大学院提供科目(Transportation Engineering & Environmental Engineering)

5. Structural Engineering Mechanics and Materials

1. Structural Analysis Theory and Applications
2. Nonlinear Structural Analysis
3. Finite Element Methods
4. Computer-Aided Engineering
5. Dynamics of Structures
6. Random Vibrations
7. Earthquake-Resistant Design
8. Advanced Earthquake Analysis
9. Structural Reliability
10. Mechanics of Solids
11. Structural Mechanics
12. Computational Mechanics
13. Computational Inelasticity
14. Statistical Mechanics of Elasticity
15. Micro structured Materials
16. Civil Engineering Materials
17. Concrete Technology
18. Reinforced Concrete Structures
19. Behavior of Reinforced Concrete
20. Design of Steel and Composite Structures
21. Behavior and Plastic Design of Steel Structures
22. Experimental Methods in Structural Engineering
23. Earthquake Hazard Mitigation

6. Civil Systems

1. Civil and Environmental Engineering Systems Analysis
2. Transportation Systems Engineering
3. Civil and Environmental Engineering Systems Analysis
4. Engineering Risk Analysis
5. Civil Systems: Control and Information Management
6. Control and Optimization of Distributed Parameters Systems
7. Sensors and Signal Interpretation
8. Structural and System Reliability
9. Civil Systems and the Environment
10. Human and Organizational Factors: Quality and Reliability of Engineered Systems

図6-17(c)　大学院提供科目(Structural Engineering Mechanics and Materials & Civil Systems)

第7章

エンジニアとして、人として

高度エンジニアを目指すには、エンジニアリング哲学、そして人としての哲学を持つことが大切である。本章は終章であり、エンジニアリング哲学、人としての哲学に向けて考える章としたい。そこで、まず7 - 1節では、これまでのエンジニアリングの役割について考える。エンジニアに触れる前に、エンジニアリングが果たしてきた役割と課題について振り返る必要があるからである。その上で、7 - 2節では、シビルエンジニアとしてのやり甲斐について考える。エンジニアリング哲学を支配する重要な要素だからである。最後に7 - 3節では、人として働くことについて考える。職場は共同作業の場であり、生身の人間である以上、喜怒哀楽様々な経験がある。人間社会の中で自分の役割を明らかにできてこそ、エンジニアリング哲学を持つことができるからである。

7-1　エンジニアリングの役割

エンジニアとしてのやり甲斐を考えるとき、企業や国への貢献を語る以前に、まずエンジニアリングの本来の役割について考える必要がある。エンジニアリングは科学技術に立脚する。すると、科学技術は社会に豊かさや繁栄をもたらしてきたか、この先も人間社会に幸せをもたらすことができるのか、あるいは不幸をもたらすのかまで戻らざるを得ない。というのも、豊かさや繁栄をもたらす一方で原爆の悲惨をも生み出してきたからである。

核開発や航空・宇宙開発は科学技術進歩の原動力になってきたが、裏返せば軍事技術開発とも密接な関係にあった。原子物理学成果の悪用としての原子爆弾やミサイル、航空爆撃機、宇宙開発と人工衛星監視技術の開発に思いを寄せると容易に想像できる。したがって、我々社会の豊かさは、軍事技術開発のお陰であるとみることもできる。シビルエンジニアリング分野で今日欠くことのできない有限要素法解析技術は、その恩恵の一例である。一九五〇～六〇年代、航空機の設計においてフラッターと呼ばれる発散振動現象の解明が重要となり、有限要素集合体としてモデル化する構造解析技術が開発された。多自由度系に離散化することで数値解析が可能となり、同時に高速、大容量コンピュータの開発をも誘導した。その恩恵を受け、今日シビルエンジニアリング分野でも有限要素解析が、研究開発や設計実務で活用されている。また、軍事基地の建設はどうか。軍事施設への投資は建設産業にも潤いをもたらす一方で、間接的には軍事行為への加担という見方もできる。二〇世紀後半、東西冷戦までの米国の軍事予算は圧倒的であった。これらの軍事投資は、つまり国益相反と国際間の競争原理によるとみることができる。

わが国の場合、科学技術が豊かさや繁栄をもたらした例として、自動車や情報・家電が挙げられる。これらの産業界は、今日、激烈な市場競争にさらされている。高品質高価格は売れない、低品質低価格でも売れない。鎬《しのぎ》を削る研究開発成果としての品質向上と価格設定のバランスの中で勝者・敗者が決まる。しかしながら、全体的には生産活動が活性化し、消費が拡大する。結果、金融投資と生産設備拡大がなされ、そして他産業へ波及していく。一方で、不況の折には敗者の倒産と人員削減がある。これらは、企業の利潤追求と競争原理によるとみることができる。

翻って、競争原理が作用しなければどうなるであろうか？　技術開発投資とともに生産活動は減退し、豊かさの享受は難しくなる。文明の歴史を遡ると、有史以来、人類は自然原理の発見と地球資源活用に舵をとった。動力や印刷機の発明に代表される産業革命によって文明は成長し、今日の情報革命によってさらに加速している。このような状況の中で、科学技術の享受と利用は人類に委ねられた大きな課題である。だからと言って、科学技術の発展を捨てて元の自然に戻れるであろうか。そこで、見事に造られた大自然とその原理の発見および利用は、その方法も含めて大自然から与えられた恵みと考えてはいけないだろうか。只々人間の善性に期待する自然からの挑戦と受け取りたい。人間が善性に立ち戻って地球や人間活動を制御できるかは、深い問題ではあるけれど。

人間の善性に期待するとして、次には軍縮、さらにはエネルギー枯渇や自然環境破壊への対応が課題となる。さらには市場競争原理がもたらす勝者敗者の問題もある。軍縮は、国際間協調を実現する政治と、それを誘導する地球平和への人類の切なる願いによって実現せねばならない。エネルギー枯渇への対応については、このたびの東日本大震災での福島原発事故で原子力発電への依存は非常に困難となった。リスクを最小化するとともに、自然エネルギー利用拡大に向けた更なる科学技術の役割が明確になった。産業革命以来引き起こしてきた環境破壊も、それを引き起こした科学技術が解決すべき課題である。市場競争原理がもたらす勝者敗者の創出は政治の課題である。個人レベルであれ、組織レベルであれ、能力間格差は必ず存在する。市場競争原理は、究極的には勝者の富をもたらす一方で敗者の貧をもたらす。しかしながら、能力間格差は人の生きる権利や差別につながるものであってはならない。その解決は、雇用対策と福祉を実現する政治・制度のあり方によっている。

そのように考えた上で、シビルエンジニアリングの役割に思いを寄せる。シビルエンジニアリングは科学技術の端々成果を利用する分野である。しかしながら、その役割であるインフラ整備には大きな予算投資があり、国民や市民社会に大きく貢献する。巨大規模で具現化するからである。そこにシビルエンジニアリングの誇りと将来がある。

7-2 シビルエンジニアのやり甲斐

仕事の内容によって異なるが、シビルエンジニアのやり甲斐には、概ね以下が挙げられる。

①具現化
②受注と利益
③技術の革新
④社会貢献
⑤評価

①具現化は、主として建設現場や設計部門のエンジニアが経験するやり甲斐である。②受注と利益は、営業や建設部門、③技術の革新は、技術開発や設計部門のエンジニアが経験するやり甲斐である。④社会貢献は、主として事業者、国や自治体のエンジニアが経験するやり甲斐である。⑤評価は、すべてに共通するやり甲斐である。

具現化

考えたもの、工夫したもの、汗を流したものが具体の形になること、そしてそれを社会が利用する。理屈を超えた喜びである。

受注と利益

企業の営業担当者にとって、受注は会社から与えられたミッションである。技術営業に携わるエンジニアにとっては、開発技術による受注がミッションとなる。また、建設に携わったエンジニアにとって工夫した末の利益確保・拡大は望外の喜びであり、誇りである。

技術の革新

シビルエンジニアリング分野は、情報・家電分野における液晶や発光ダイオード、コンピュータマイクロチップのように一つの技術開発によって産業の在り様が変わるような分野ではない。したがって、ノーベル賞の対象からは程遠い。扱う主要材料が、土、水、コンクリート、鉄によっているからである。これらの材料を使い、これまでにない規模、または新しい構造物を創出すること、さらには特殊な材料を部分的に使用して付加価値を高めた構造物を創出することが技術革新の対象となる。いずれも過去に蓄積されてきた技術進歩の上に立つものであるが、一品生産であるがゆえに失敗は許されず、その点で緊張と挑戦が求められる。

これまでにない規模の構造物としては、一九七〇年前後から始まる超高層建築や吊橋・斜張橋などの長大橋が挙げられる。新しい構造物としては、一九八〇年代のドームに代表される大空間建築が挙げられる。また、一九六〇年代の東京タワーや近年の東京スカイツリーのような搭状構造物もその代表である。地下構造としては、近年大都市地下鉄トンネルに多用されるシールドトンネル、地下室や基礎に本体利用される地中連続壁などが挙げられる。付加価値を高めた構造物としては、免震・制震技術を駆使した建築や橋梁が該当する。いずれも、設計、施工に関わる技術開発に多大の力が結集された結果である。

海に取り囲まれた特殊事情から、わが国は港湾周辺に多数の埋め立て地を創出してきた。人の目に触れることはないが、これらは軟弱地盤の改良技術があってはじめて具現化を見ている。これらの設計・施工技術開発に携わった者にとって、特に先駆けの成果を遺すことは大きな喜びであり、誇りである。

社会貢献

整備事業による利便性拡大や経済活性化、そして環境改善や安全安心の提供、確保は、主に事業者にとってのやり甲斐となる。

四〇〇キロメートルにも及ぶローマ水道の建設は、生活用水のみならず工業用水をも確保し、その結果、人が集まり、商工業が発展して古代ローマ諸都市繁栄の基盤となった。五〇〇年かけて建造された一一の水道から水が供給される最大の水道集積地であったと言われる。幅一六〇〜二〇〇メートル、深さ一九・五メートル、長さ一六七キロメートルに及ぶスエズ運河の建設は、地中海―インド洋直結航路を可能にし、アフリカ南端の喜望峰経由に比べ約七四〇〇キロ航海距離が短縮された。その結果、欧州―東アジア間での流通・貿易促進が可能となった。また、わが国の場合、例えば昭和初期の御堂筋、地下鉄御堂筋線の整備は大阪という町の軸線を形作った。南北約四キロメートルに延びる幅四四メートルの道路や大断面アーチトンネルの発想は一〇〇年先を見据えたものと言われ、当時は常識を外れたものであった。

ローマ水道にしろ、スエズ運河にしろ、また御堂筋にしても、立案段階で既に時空間を超えたスケールであったことが共通している。これらは計画―設計―建設エンジニアの協業であり、その前に行政責任者や為政者の決断があってはじめて可能となった。偉大な一人の発明・発見や偉大な為政者によってなされるものではなく、あくまで協業として実現できたものである。シビルエンジニアの携わる分野とはそのようなものであることを、忘れてはならない。

評価

職業人にとって顧客や組織上層部からの評価は、何にも増してやり甲斐につながる。また、顧客を含め表彰など外部からの評価は、より客観性を持つ。上層部からの評価は昇給昇進につながるし、次のステップへの大きな原動力となる。したがって、大半のエネルギーはここに集まる。ただし、ここに問題がある。仕事内容が二の次になり評価を得ることが目的になることである。ほとんどが評価に専念し、評価を得やすい仕事を探す。評価を得難い仕事はやらない。多くの職場での実態である。

7-3　人として

最後に、職場における人間関係について触れる。良きにつけ悪しきにつけ、多くの人たちが最もエネルギーを費やす部分である。人と人との関係の中で、自分の役割を明らかにできてはじめて自分のエンジニアリング哲学を持つことができる。

評価されたい

若年期は組織内で存在感を示したい時期である。与えられた仕事を成功させるために、そして発信のために工夫・努力する。自己実現欲に溢れることは良いことである。一方、中年期になると自分で仕事ができるようになり、出世欲が出て競争の激しい時期となる。自分を含めた種々の人事が目に見える形で出てくる。評価されるためには、自分のセールスポイントを明確にすることが重要である。

認めてくれる上司、認めてくれない上司

プロセスに目を留める型、発信に目を留める型、気配りに目を留める型など種々あるが、結果で評価するタイプがほとんどである。なぜなら、見えるのは結果のみであるから。一方、結果のみで評価されるのは部下にとって辛い。プロセスにも目を留めてほしいと思う。しかし、そのような上司はほとんどいない。プロセスに目を留める上司がいれば、それは相当な人物である。

しかし、自分を見てほしいだけでは十分ではない。利害だけで発想しているかという視点、ビ

ジョンを持って発想してくれているかという視点で上司を見ることも必要である。自分のモデルとなる上司を見つけることができれば幸運である。

[余話]

入社当時、技術研究所に配属されRCシェル構造の非線形解析プログラムの開発に従事した。要素剛性の積分方法で行き詰り、実験結果に対して遠からずとも近からずの結果がしばらく続いた。明けても暮れてもどうしたら突破できるか、そのことばかりを考える日々であった。解析は定式化やコーディングが一行違っても×、努力の結果は成果として出ていかない。○か一○○かである。先輩の指導のもとチームで仕事できる人はいいな、実験担当の人は実験すれば結果が出てくるからいいな、と羨ましく思った。強がって「やります」などと言わなければよかったと何度も。上司には何度も聞いていただき、定式化メモをお渡しして何度相談に乗っていただいたか。

二、三カ月経ったろうか、そのうち先輩の一言がヒントになって突破！　サーっと目の前が開けた。相談に乗ってくれた上司に報告に行った。「それはよかった。それではもう考える必要ないね」と言って、コートのポケットから例のメモを取り出し、ゴミ箱に処分された。ずーっと考え続けていてくださった！　この人について行こうと思った。

付いて来る部下、付いて来ない部下

部下に何をやらせるかは部下の能力とやる気の問題である。この際、やる気が何にも増して重要である。やる気はまず本人の問題。やる気がなければ始まらない。次に、上司と部下の関係もある。人は利害で動くから、自分にとって利益があると考えれば付いて来るし、利益なしと判断すれば離れる。上司にとっては役に立つ部下と思えば面倒をみるし、役に立たないと判断すれば見限る。一方、人は情でも動く。理屈抜きで付いて来る部下は可愛い。付いて来なければ思いは薄れる。

人間は本来怠け者なので、優しさが前面に出ると甘える。逆に厳しさばかりではやる気を失う。叱る、褒めるはタイミングがあり、人によって異なる。何にも増して重要なのは、信頼感の形成である。

苦しさ・楽しさ・安心とは

長い職業人生、楽しい時、一途の時、干される時、様々な時がある。順風万帆と思えたら幸運の時と捉えるべきである。はしゃぎ過ぎてはいけない——人の羨望は貯まるのでどこかで帳尻合せがある。干されたと感じる時は辛い時、孤独の時。しかしながら、あくせくしてもがいてはいけない。あまりに辛い時は突破しようと力まないこと。そのうちに良い風も吹くと身を任せることも大切である。良い時と悪い時は背中合わせ、案外大した差はない。思い方一つで変わることもある。

家庭とは、職場とは

夫婦は利害共同体。子供達は血縁による継承の対象である。そのためわがままも出て喧嘩にもなる。行き過ぎると仕事にも影響するが、半分は自分のせい。職場は生業の場、自己実現の場である。組織利害では共同体だが個人利害は相反する場合がある。そのため規律が必要であり、緊張が生まれる。したがって、緊張から解放される家庭は理屈を越えた安らぎの場としたい。

酒を飲む、人と語る

人と飲む酒は発散の場、あるいは懇ろに交わる場となる。酒飲みには「酒好き」と「酒の場好き」がある。「酒好き」は両方の場とも対応できる。いわゆる酒の強い人である。「酒好き」ではないけれど「酒の場好き」もいる。以下に述べるような理由で「酒の場好き」であることは大切である。

職場経験が長くなるにつれ、そして家庭を持つにつれ、職場で本音を語ることは難しくなる。上述したように個人利害は相反する場合があり、規律・緊張の中で仕事をするからである。したがって、アフタファイブは、懇ろに交わる場が大変重要となる。本音に触れることができる——人の弱さを知る、立ち処を知る、自分と同じであることを知る、人の視座を知る、共に楽しくあることを知る——そのような機会となる。人も自分と同じなのだと気づけば、翌朝の「おはようございます」もトーンが変わる。

酒の場で気をつけねばならないのは、その場にいない第三者の話題である。しばしば、愚痴、悪口に至る。そうすることでストレス発散するのが軽口人間の常。しかし、言っている本人がいない人の悪口を言う人と認識され、やがては自分がその第三者になる。したがって、第三者の話題、愚痴には注意が必要である。話題にしない、あるいは話題にするならむしろ褒めること。

苦しいときにどうする

可能なら弱音ははかない方がよい。愚痴が出るから。しかし、苦しくて仕方ない時がまれにはある。そのような時、無理はしなくてよい。口に出すことで、そして聞いてもらえることで、苦しさは半減する。苦しさを知ってくれる人がいると少しは楽になれる。したがって、弱音ははいてよい。注意すべきは、誰に聞いてもらうか？　と、悪口を避ける！　ことである。心を許せる同僚、上司がいなければ、自分の仕事、部署と関係のない人に聞いてもらうのも一法である。

挫折という経験

「挫折」とは、最も大切なものを取り上げられ、自力回復不可という状態になることである。人によって様々であり、家族の死であるかもしれないし、人との別れであるかもしれない。また、生涯をかけてきた仕事の失敗や仕事の将来を閉ざされることかもしれない。いずれにせよ、自分にとって掛け替えないものを失うこと、戻ってこないという体験である。そのような時にどうしたらよいのか？　もがいても仕方がない。自分の圧倒的無力、非力を認める以外にない。泣き叫び、涙した後、静まりの時を持つ（静まりの時を持てるかどうかは自分の意志、努力を超えたところからくるのかもしれないが……）。そして、弱い自分にできること、拠って立つ処を夢中で探す。立ち上がれそうになったら、自分にできる小さなことから始める。

［余話］

星野富弘さんという画家がおられる。学校教員時代、体育授業の前転演技中に首を骨折、首から下全体が麻痺。口に筆をくわえて絵を描かれるが、野の花、それも雑草の花の絵が多い。絵には雑草の花を下から見上げるような詩を添えられる。

「おまえを大切に摘んでゆく人がいた。
臭いといわれ
きらわれ者のおまえだったけれど
道の隅で歩く人の足許を見上げ
ひっそりと生きていた
いつかおまえを必要とする人が
現れるのを待っていたかのように」

雑草の花を下から見上げる視線！　五体満足の人間にはかなわない視座である。

目先の利害に捉われない

目先の利害で動く人がほとんどである。その先の利害は見え難いし、見えないものより目先の見えるものによって動く方が簡単だから。高い地位を得ている人の中にも多い。上層部は、今、Go or Stopの判断をしなければならず、見えないものに従った判断はリスクが大きいからである。その結果、組織の方針は二、三年単位で動く。構成員にとっては不安が積もり、モチベーションが落ちる。組織のモチベーションは上層部への信頼感と密接な関係にあるが、信頼感は目先利害だけでは勝ち取れない。ここに、上層部の課題がある。

若年層でも同様である。目先の評価で動く人が多い。揺れ動く方針に身体を合わせる。器用に合わせられる人が重宝がられる。当面の評価も受けやすい。しかし、中堅になりリーダー的役割を担う時代には自分の組織哲学が求められる。そうなった時はそうなった時でまた身を任せて……では通用しない。器用は一つの能力として多いに評価される。しかし、長い職業人生である。それとは別に自分の組織哲学、人間哲学を育む努力を怠ってはならない。

異質を知る、世界観を持つ

世界を知ると視野が広くなるという言い方があるが、正確には世界を知ると外側から内側を見る視点ができるということである。外側から日本を、日本人を見るという経験である。別の言い方をすれば、地球の反対側の人間も民族、文化は違うけれど同じ人間であることを体験することである。

私事であるが、アメリカ留学時代のこと。私と同様Visiting Scholarとして滞在するソウル大学の教授を車に乗せたことがあったが、たまたま彼の友人が同乗してきた。私が日本人であると知った途端にその友人の態度が一変し、「日本人はEnemy」と場の雰囲気が硬直した。後日ソウル大学教授は私に、「韓国人の日本人に対する感情は特別なものがあり、失礼があったら許してほしい」と言った。また、イランからのVisiting Scholarである教授と同室であり、しばしば昼食をともにした。温厚な人であったが、イラクの話をしていてイランと混同した私の話に、彼が「They are Arab. We are Persian!」と一瞬毅然とした物言いをしたことがあった。中東民族の

Identityへの強さを改めて知らされた瞬間であった。また、ドクターコースのレバノン人学生を家に招待したことがあった。好青年であり、すき焼きをナイフとフォークで「美味しい」と大真面目に食べた。日本人としては奇妙な光景であったが、招待を受けた者の礼儀を彼の目に感じた。アメリカ人学生を家に招待したこともあった。東京に初めて行ったとき、ラッシュ時の地下鉄に乗った。人の話し声はしないのに手足も動かない混雑車両に恐怖を感じたと言った。混雑車両を経験したことのない彼らにとって、我々日本人の常識はむしろ「恐怖」であったのだ。

職場での経験を深めるにつれ、やがてはグループのリーダーになり、組織の長になって行く。大きな役割の一つは仕事の進め方への判断である。判断のためには自分の物差しが必要である。異質を知る、世界観を持つことは物差しの豊かさ、規模と深い関係を持つ。

[余話]

就職してまもなく同じ研究室の先輩が留学された。企業にも留学制度があり、自分と無縁のことではなく、そのような機会があれば……と思うようになった。何年か後に上司にそのような候補として認めていただき、挑戦する機会を与えていただいた。会社にとっては一人に二年間、二〇〇〇万円の投資である。単に試験を受けて合格すればという単純なものではない。会社の方針として、土木系職員の海外留学は海外現場勤務が前提の時代であった。技術研究所の研究員の海外留学は常識ではあり得ない。したがって、作戦が必要であり、上司から本社土木設計部長に調整作業をお願いしていただいた。技術部門トップへの調整、そして土木人事を束ねる土木管理部長への調整が必要になる。研究所でできるわけがない。しかし、尽力していただいたにもかかわらず落とされた。準備を進めてきたので大変落胆した。

翌年、再度挑戦の機会をいただだいた。実に、落とした土木管理部長が研究所長に赴任され、応援いただだいた土木設計部長が土木管理部長に就任されたのである。考えられないような事が起こった。どうなるのかと思ったが、人は立場で動く。私を落としたかつての土木管理部長は、研究所長として私を応援する立場を取られた。そして、私を応援してくださったかつての土木設計部長に私の留学をお願いされたのである。このようにして、願っていたカリフォルニア大学バークレー校への留学が実現した。今、考えても不思議な出来事であり、私の願いを遥かに超えた力が作用したと思っている。

先人の遺産を受けて

産業革命によって動力が発明され、今日の近代化を導く礎となったことは既に述べた。我々シビルエンジニアリングを支える力学原理はニュートン力学に立脚する。運動方程式による振動現象の定式化、材料開発と構成則の研究、コンピュータ技術の飛躍的な進歩によって今日、構造物の破壊過程の解明が可能になった。お陰で都市に高層ビルが林立し、高速交通を利用することができる。その背景には、原理を見つけ出し数学的に表現して現象を解明してきた、そして地球資源を活用してきた先人の知恵がある。我々はその先人の遺産を受けて、さらに社会を発展させようとしている。

よく考えてみると、これらのことが可能になったのは、自然が原理によって造られているからである。自然が無秩序に造られているとすれば、今日の姿はないはずである。しかしながら、科学技術の発展と近代化は、一方でヒートアイランド現象や環境破壊、エネルギー枯渇問題など種々の問題を引き起こしてきた。自然原理の解明、その成果の利用と制御は自然から人間に与えられた大きな使命である。

結局なんのために働くのか

昔、桶と洗濯板で母親が洗濯している姿があった。そのうちに洗濯機ができた。絞って干すだけでよいので驚いた。そして手動絞り機が付いた。今日では、遠心力で脱水してくれ、干すだけでよくなった。乾燥までしてくれる洗濯機もある。コンピュータ制御で物に合わせた洗濯も可能である。そのうちに、折りたたんだ洗濯物が出てくるようになるかもしれない。今や洗濯のみの洗濯機では売れない。これらは企業の営利活動の結果としてなったが、人間・社会の便利さ、豊かさへのニーズがあって生まれてきたものである。加えて、ニーズに応えてきた先人の技術遺産が営々と引き継がれ、発展して実現した。

企業で働く人間にとって、企業発展に貢献したといっても、それは当人の話であり、全体としては便利で豊かな社会を実現してきたのである。そうすると我々は、さらに便利で豊かな社会の実現に向け、未開拓領域に挑戦するための生産活動に参画しているとみることができる。数百年数千年スパンでみるとそうなのである。大自然の歴史からみると、それさえ瞬きの時間である。このような時間レンジでは、一代限りの繁栄は意味がない。私利私欲・私腹は霧散消滅する。したがって、我々は更なる発展に向け、次代への時間軸の中で生産活動に参画しているのである。

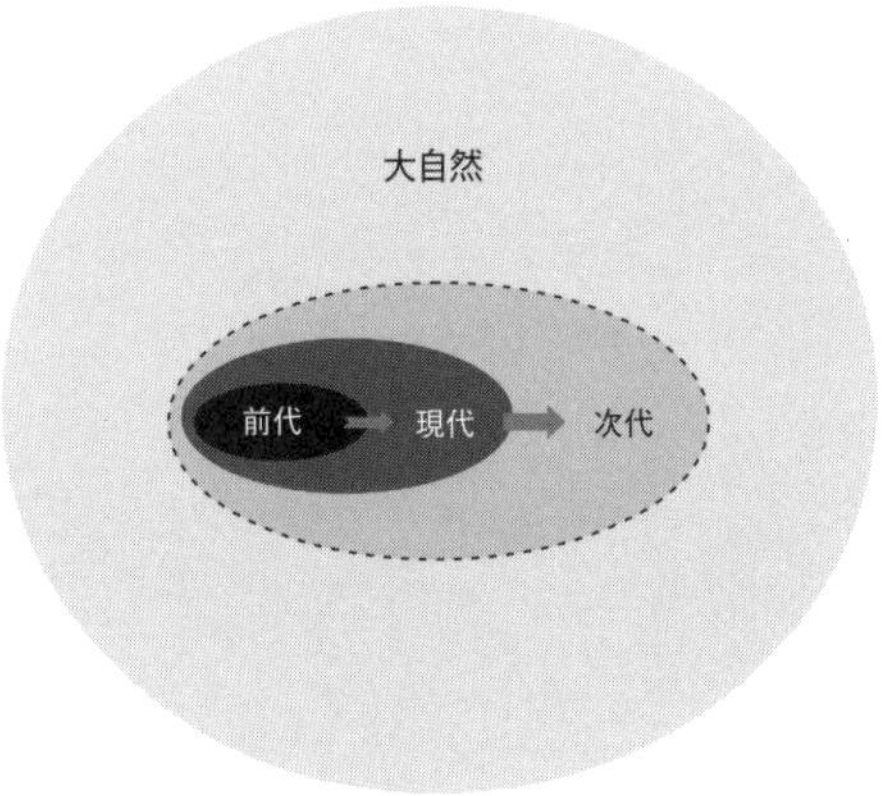

結局なんのために生きるのか

前代からの遺産によって現代の我々は生きている。そして、その遺産を発展させ次の時代に遺産として遺していく。言い換えると、前代と次代の間で生きている。前代までも営々としてこれが繰り返され、継承発展を遂げてきた。我々が営みを怠れば次代への継承はなくなり、これまでの遺産は絶える。その意味では、人間の歴史を含めた大自然から大きな役割を担わされているのである。

人間、それぞれの携わる分野で、場所でその役割を果たす使命がある。役割の大小高低が問題ではない。自分一人くらいはやらなくても別に……というのでは次代への継承はない。自分のすぐ脇にいる若い人たちが次代を担うのだから。営々として築かれた遺産を引き継ぎ、発展させて次代にバトンタッチしていくこと。我々が生かされている意味である。

著者

大内　一《おおうち・はじめ》

一九七四年　大阪市立大学大学院工学研究科土木工学専攻修了
一九七四年　株式会社大林組入社
大林組技術研究所土木第四研究室長、土木耐震構造研究室長を歴任。
一九八六年から一九八八年　カリフォルニア大学バークレー校土木工学科客員研究員
一九九二年　アメリカ土木学会モイセイフ賞受賞
一九九六年　日本コンクリート工学協会賞（技術賞）受賞
一九九九年、二〇〇三年　土木学会構造工学論文賞受賞
二〇〇六年　大阪市立大学大学院工学研究科教授　現在に至る。
専門は構造工学。

［主な著書］
『コンクリート系構造物の耐震設計法』（森北出版、二〇〇八年）
『サステイナブル社会基盤構造物』（編著、森北出版、二〇一〇年）
『絵と式でわかる構造工学基礎』（共著、技報堂出版、二〇一一年）

シビルエンジニアの生き方・あり方
時代を拓く高度職業人の条件

二〇一一年一一月一〇日　第一刷発行

著者　大内一
発行者　鹿島光一
発行所　鹿島出版会
〒一〇四-〇〇二八 東京都中央区八重洲二-五-一四
電話 〇三（六二〇二）五二〇〇
振替 〇〇一六〇-二-一八〇八八三

デザイン　高木達樹（しまうまデザイン）
印刷・製本　壮光舎印刷

©Hajime Ohuchi, 2011
ISBN978-4-306-02434-2 C3052 Printed in Japan
無断転載を禁じます。落丁、乱丁本はお取り替えいたします。
本書の内容に関するご意見・ご感想は左記までお寄せください。
http://www.kajima-publishing.co.jp　info@kajima-publishing.co.jp